Lucrèce Funmilayo FALOLOU

Dinâmica de ocupação e ilhas de calor urbanas em Porto-Novo

Lucrèce Funmilayo FALOLOU

Dinâmica de ocupação e ilhas de calor urbanas em Porto-Novo

ScienciaScripts

Imprint

Any brand names and product names mentioned in this book are subject to trademark, brand or patent protection and are trademarks or registered trademarks of their respective holders. The use of brand names, product names, common names, trade names, product descriptions etc. even without a particular marking in this work is in no way to be construed to mean that such names may be regarded as unrestricted in respect of trademark and brand protection legislation and could thus be used by anyone.

Cover image: www.ingimage.com

This book is a translation from the original published under ISBN 978-620-6-69823-4.

Publisher:
Sciencia Scripts
is a trademark of
Dodo Books Indian Ocean Ltd. and OmniScriptum S.R.L publishing group

120 High Road, East Finchley, London, N2 9ED, United Kingdom
Str. Armeneasca 28/1, office 1, Chisinau MD-2012, Republic of Moldova, Europe
Printed at: see last page
ISBN: 978-620-8-27740-6

Conteúdo

Dedico este livro a :

♦♦♦ À minha querida mãe

Uma fonte inesgotável de ternura, paz e sac... gelo. As tuas orações, a tua bënëdiction e a tua presença ao meu lado foram sempre a minha fonte de força para enfrentar os vários obstáculos. Por mais que eu diga, não serei capaz de vos agradecer como deveria. Que Deus vos abençoe.

♦♦♦ Ao meu querido pai

Que me incutiram o sentido de trabalho bem feito e a quem devo esta formação. Que este trabalho exprima a minha gratidão e o meu afeto. Deus vos abençoe.

O meu querido marido e a minha adorável filha Simisola Trinity

Nenhuma homenagem poderia igualar o amor que sempre me dedicaram. Não há palavras que possam exprimir a minha gratidão e o meu amor. Que Deus vos proteja e vos dê saúde e vida longa.

Currículo

O crescimento demográfico nas zonas urbanas não é isento de consequências para os recursos naturais. As más práticas de utilização dos solos (construção de edifícios, de infra-estruturas rodoviárias e sociocomunitárias, etc.), incluindo a desflorestação e a expansão agrícola, deterioram os recursos naturais do Benim e criam uma série de problemas ambientais, entre os quais o fenómeno das ilhas de calor urbanas (UHI). O objetivo geral desta investigação é analisar a influência dos espaços verdes (urbanos) e da densidade de construção no número e na intensidade das ilhas de calor na cidade de Porto-Novo e nos seus arredores. A abordagem metodológica utilizada baseia-se, por um lado, no processamento de imagens de satélite e no Sistema de Informação Geográfica (SIG), para a análise da dinâmica do uso do solo e da evolução populacional e, por outro lado, no modelo de Markov de Autómatos Celulares (AC), para a previsão do uso do solo. A digitalização de edifícios de todas as categorias a partir de imagens de alta resolução do Google Earth e a estimativa do armazenamento de carbono na biomassa aérea do Jardin des Plantes et de la Nature (JPN) foram utilizadas para caraterizar a influência da densidade de edifícios e dos espaços verdes na variação da UHI. O impacto da UHI na população e no ambiente foi determinado utilizando dados noturnos da temperatura da superfície a partir de imagens de satélite MODIS térmicas obtidas através do sítio LPDAAC do terminal Linux Unbutu. Foi realizado um inquérito entre 870 pessoas para recolher informações sobre a sua perceção do calor. Este inquérito foi apoiado por duas séries de medições diurnas de temperatura a nível urbano e de bairro. Os resultados mostram que as zonas de vegetação natural estão a desaparecer em detrimento das zonas agrícolas e dos edifícios. De facto, os remanescentes de florestas sagradas diminuíram acentuadamente, passando de 0,23% em 1972 para 0,16% em 2012. Em 2032, estes remanescentes ocuparão apenas 0,03% da superfície total, o que significa que tenderão a desaparecer ao longo dos anos, o que não acontece com as outras unidades de utilização do solo, nomeadamente as povoações e as culturas. A dinâmica do uso do solo e da densidade de construção é função da evolução demográfica e da densidade populacional. O stock de carbono na biomassa aérea do conservatório do jardim botânico é de 463,9 t C/ha (tonelada de carbono por hectare) e o do sítio 2 (detenção) é de 337,4 t C/ha, o que perfaz um total de 801,3 t C/ha. Só a JPN tem capacidade para absorver 801,206 t C/ha. Assim, quanto maior for o número de árvores, maior será a quantidade de carbono armazenado, o que conduz facilmente à formação de zonas mais frescas no meio urbano e à redução da intensidade do UHI, graças, nomeadamente, à redução dos gases com efeito de estufa. A análise da distribuição das UHI mostra que existe uma correlação entre a quantidade de calor medida e a densidade de edifícios observada. As variações espaciais da temperatura são pequenas e a fratura térmica é reduzida na zona de estudo. No entanto, as UHIs na área de estudo podem ser classificadas em três categorias: - Baixa UHI com uma diferença de temperatura de 1°C em relação à área circundante, média UHI com uma diferença de temperatura de 2°C em relação à área circundante e alta UHI com uma diferença de temperatura de 3°C a 6°C em relação à área circundante. As temperaturas nocturnas elevadas da UHI variam entre 24°C e 32°C e encontram-se em telhados de edifícios, superfícies escuras impermeáveis e asfalto, o que as classifica como as superfícies mais quentes. Do mesmo modo, as temperaturas diurnas das UHIs elevadas variam entre 30°C e 33,5°C e concentram-se em zonas não vegetadas, incluindo centros urbanos, semáforos, zonas comerciais, zonas de tráfego e bermas de estradas. Estes aumentos das temperaturas nocturnas e diurnas estão ligados à urbanização e podem ter não só impactos ambientais mas também impactos significativos na saúde, como o stress térmico, a insolação, os desmaios, etc. A gestão racional do espaço é, pois, essencial para encontrar medidas que reduzam o fenómeno da UHI.

Palavras chave : Porto-Novo, ilhas de calor urbanas, densidade de construção, espaços verdes.

Introdução geral

As cidades são frequentemente apresentadas como os locais onde se concentra a maior parte das emissões de gases com efeito de estufa e do consumo de energia (Haentjens, 2008). Segundo a ONU, a população urbana ultrapassa atualmente a população rural e deverá atingir quase cinco mil milhões de pessoas em 2030 (Conselho Económico e Social, 2007). Este crescimento da população urbana é acompanhado de uma urbanização galopante, nomeadamente nos países do Sul, que têm de fazer face a um crescimento urbano muito sustentado e muitas vezes descontrolado (Morgane *et al.*, 2012). A extensão das zonas urbanas, o aumento da população urbana, as actividades humanas e as alterações que provocam na morfologia de um determinado território podem ter consequências devastadoras para os meios naturais e a qualidade de vida dos cidadãos (Parmentier, 2010). De facto, as alterações da superfície e do uso do solo (edifícios, estradas) e as alterações da lugosidade das superfícies são parâmetros que modificam o balanço energético à escala local e contribuem, assim, para gerar um determinado clima na cidade (Oke, 1978). A variabilidade espácio-temporal do clima urbano é o resultado da fortíssima hëtërogënëitë do espaço urbanizado, com superfícies horizontais e verticais que modificam as caraterísticas físicas das camadas inferiores da atmosfera (temperaturas, vento, precipitação). Estes efeitos climáticos, essencialmente térmicos, resultam de uma modificação do balanço energético observado neste tipo de espaço (Escourrou, 1981; Cantat, 2004).

Assim, um dos fenómenos observados gerados pelas actividades humanas é o aumento da temperatura num ambiente urbano, em comparação com o ambiente rural ou natural circundante. Este fenómeno, conhecido como ilha de calor urbana, ilha térmica urbana ou ilha termodinâmica urbana, está presente na maioria das cidades (Oke, 1982). A presença de ilhas de calor urbanas multiplica os episódios de calor opressivo que deterioram a qualidade de vida na cidade. Por outro lado, o efeito de ilha de calor urbana (UHI) é um fenómeno físico climático pouco conhecido em comparação com outras manifestações do mesmo tipo, como o efeito de estufa responsável pelas alterações climáticas. No entanto, é igualmente importante à escala urbana, tanto mais que o efeito de estufa reforça o efeito de ilha de calor como motor das alterações climáticas, mas também a uma escala menor. O efeito de ilha de calor é gerado pela cidade em resultado da sua morfologia, dos seus materiais, das suas condições naturais, climáticas e meteorológicas, das suas actividades, etc. Mas, inversamente, influencia o clima da cidade (temperaturas, precipitação), os níveis e a distribuição dos poluentes, o conforto dos habitantes da cidade e os elementos naturais das cidades.

O efeito UHI é, portanto, um fator urbano que deve ser tido em conta na conceção e na gestão da cidade. No entanto, é preciso dizer que as diferentes políticas urbanas ainda estão longe de ter em conta este fenómeno, que exige - e exigirá ainda mais no futuro se nada for feito hoje - uma adaptação racional da cidade. Atualmente, os vários documentos de planeamento e desenvolvimento urbano (SDAC, PAO, SCoT, etc.) são ainda relativamente imaturos nesta matéria, sobretudo quando comparados com documentos estrangeiros equivalentes. A cidade de Porto-Novo e os seus arredores (Adjara, Avrankou, Akpro-Misserete, Agudgud e Seme-Podji), que conheceram um desenvolvimento urbano notável nas últimas décadas, não são exceção.

Esta investigação centra-se na relação entre as ilhas de calor urbanas (UHI), a densidade de construção e os espaços verdes na cidade de Porto-Novo, a capital política do Benim, e na sua área circundante. O objetivo desta investigação é analisar a influência dos espaços verdes (urbanos) e da densidade de construção na evolução das ilhas de calor na região de Porto-Novo. A presente tese apresenta, por conseguinte, os resultados das investigações efectuadas. Está estruturada em duas partes principais, subdivididas em capítulos. A primeira parte apresenta o enquadramento teórico e metodológico. A segunda parte apresenta os resultados e as recomendações.

ENQUADRAMENTO TEÓRICO E ABORDAGEM METODOLÓGICA

CAPÍTULO I: QUADRO TEÓRICO E CONCEITUAL DA INVESTIGAÇÃO

INVESTIGAÇÃO Este capítulo apresenta o problema de investigação, as questões de investigação, as hipóteses, os objectivos e o estado do conhecimento sobre o assunto. Além disso, são clarificados os conceitos utilizados e o quadro concetual y.

1.1 Quadro teórico

Aborda o problema, as hipóteses e os objectivos, o estado dos conhecimentos e a clarificação dos conceitos.

1.1.1. Problema

O crescimento urbano dos últimos anos resultou na expansão das zonas urbanas (Claude, 2012). Atualmente, a cidade atrai cada vez mais pessoas. Elas reúnem pessoas e actividades. Para responder a esta concentração e à procura de habitação, de espaços comerciais, de equipamentos culturais e de lazer por parte da população, o espaço urbano está a reduzir progressivamente as suas zonas periféricas (Poulain. 2008, Service de l'Amenagement, de l'Urbanisme et de l'Environnement). É por isso que Amfield (2003) afirma que a densificação dos edifícios nas zonas urbanas e, na sua periferia, (novos empreendimentos residenciais, comerciais e industriais) estão na origem de alterações no clima local.

Assim, por um lado, a urbanização do espaço conduz à mineralização das superfícies e, por outro, as estruturas elevadas dos edifícios modificam o regime de ventos local (aumentando a rugosidade das superfícies, criando canyons). A cobertura das superfícies por materiais, na sua maioria impermeáveis e que reflectem pouco a radiação solar, aumenta a temperatura das superfícies e favorece a formação de ilhas de calor (Amfield, 2003).

Na mesma linha, Jean-Luc *et al* (2012) defendem que a cidade evolui num ambiente "natural" com o qual interage constantemente. O clima é, por conseguinte, uma parte integrante deste ambiente, e o ambiente construído foi concebido para ser tão adaptado quanto possível às condições climáticas locais.

Para além de serem influenciadas pelo clima, as cidades também são conhecidas por o influenciarem. Deste modo, modificam localmente os parâmetros climáticos (Morgane *et al.,* 2012). Estas alterações podem ser observadas quer por comparação com as zonas rurais vizinhas, quer por comparação com a sua própria situação no passado (menos urbanizadas e/ou menos densas). A cidade induz, assim, no seu território, um aumento das temperaturas (Landsberg, 1979; Escourrou, 1991) - daí o conceito de Ilha de Calor Urbana (ITU), - uma diminuição da velocidade do vento (Sacre, 1983), - uma alteração da pluviosidade (Shepherd *et al.,* 2002; Jauregui e Romales, 1996), etc. Estas alterações têm consequências no consumo de energia e no ambiente. Estas alterações têm consequências no consumo de energia dos edifícios e na eficiência da climatização natural (Santamouris *et al.,* 2004), na poluição atmosférica (Sarrat *et al.,* 2006; Vautard, 2010), no conforto exterior (Steemers, 2006), na saúde (Buechley *et al.,* 1972) e na fauna e flora (Sukopp, 2004).

O termo "ilha de calor urbana" refere-se à diferença de temperatura observada entre as zonas urbanas e as zonas rurais circundantes (Voogt, 2002). As observações mostraram que as temperaturas nos centros urbanos podem ser até 12°C mais elevadas do que nas regiões vizinhas (Figura 1) (Voogt, 2002).

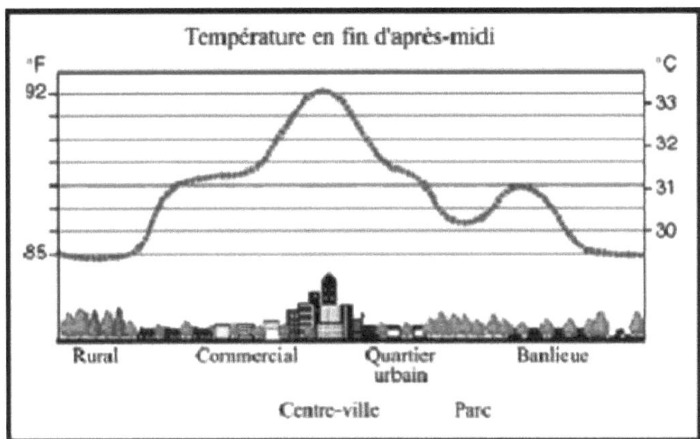

Figura 1 Diagrama da ilha de calor urbana
Fonte: Lawrence Berkeley National Laboratory, 2000.

Este fenómeno é, na maioria dos casos, acentuado pelo crescimento urbano, que é um potencial modificador das condições climáticas de uma determinada região, através da extensão dos edifícios residenciais, do aumento significativo do número de automóveis, da falta de vegetação, da impermeabilização dos espaços, etc. (Givoni, 1989).

Do mesmo modo, a intensidade das ilhas de calor varia diariamente e sazonalmente em função de diferentes parâmetros meteorológicos e antropogénicos, o que é particularmente ameaçador para a população urbana (Oke, 1987; Pigeon *et al*, 2008).

De facto, cidades como Nova Iorque, Chicago, Vancouver, Hong Kong ou Genebra, em constante crescimento, sofrem já há alguns anos com este fenómeno climático, cujas repercussões no clima das cidades são cada vez mais evidentes (Achour, 2006).

As cidades de Bënin fazem parte desta tendência, nomeadamente as três cidades com estatuto especial: Cotonou, Parakou e Porto-Novo. Foi isto, aliás, que levou Vignon, em 2001, a afirmar que as cidades de Bdnin apresentam uma caraclerística comum na sua pёптёlre ou, constituem um conglomёrat de bdton, pedra e tudo o que não seja 1 árvore.

É por isso que muitas cidades adoptaram medidas para combater as ilhas de calor urbanas. Algumas cidades, como Paris e Chicago, aperceberam-se deste facto na sequência de ondas de calor que se revelaram altamente fatais (Besancenot, 2007).

As cidades chinesas devem também reagir a estas realidades climáticas em mutação, nomeadamente através da introdução de medidas de combate às ilhas de calor urbanas e da criação de zonas frias urbanas. Estas iniciativas protegem a população, aumentando a sua capacidade de adaptação a estes fenómenos (Mdlissa, 2009).

O presente estudo incide particularmente sobre a "Dinâmica de ocupação e ilhas de calor urbanas na cidade de Porto-Novo e suas envolventes (Adjara, Avrankou, Akpro-Missdretd, Aguegue e Sëmë Podji)". De facto, nas últimas décadas, a cidade de Porto-Novo, a capital política e administrativa, e as suas áreas circundantes, nomeadamente: Adjara, Avrankou, Akpro- Missërëtë, Aguegue e Sëmë Podji registaram um desenvolvimento urbano notável. A área construída expandiu-se de forma alastrante à custa de áreas naturais e paisagísticas. De acordo com os dados dos resultados do RGPH-4 (2013), a cidade de Porto-Novo é um tecido urbano que alberga cerca de 264.320 habitantes com uma taxa de crescimento de 2,6% e uma densidade de 5.300 hbts/km2 (RGPH4). De igual modo, as comunas de Adjara, Avrankou, Akpro- Missërëtë, Aguegue e Sëmë Podji albergam 97.424 habitantes com uma taxa de crescimento de 4,34%, 128.050 habitantes com uma taxa de crescimento de 4,42%, 127.249 habitantes com uma taxa de crescimento de 4,68%,

44.562 habitantes com uma taxa de crescimento de 4,66% e 222.701 habitantes com uma taxa de crescimento de 6,09% (RGPH4, 2013).

Além disso, o departamento de I'Oudmd é o terceiro departamento mais povoado, com uma população de 1.100.404 habitantes, ou seja, 11,0% da população total do Bdnin (RGPH4, 2013). É também um dos departamentos mais urbanizados, com 44,3% da população a viver em cidades (RGPH4, 2013).

Este crescimento espacial destas comunas é conseguido através do povoamento de novos bairros pënpЬёпдиез, em resultado da imigração, da deslocação da população do centro da cidade para a pёriphёrie e do desenvolvimento habitacional (N'Bessa, 1997). Esta expansão reflecte-se num aumento da área urbana. Assim, "o campo está a urbanizar-se à volta de Porto-Novo, com casas feitas de materiais dёfmitivos no meio de plantações de dendém, campos de mai's e mandioca, como no norte de Ouando na estrada para Sakëtë-Pobë ..." (N'Bessa, 1997). (N'Bessa, 1997).

A expansão urbana parece assim ser uma das principais consequências da densidade urbana e da intensidade social (Poulain, 2008).

No caso do presente ёstudo, a densidade urbana nada mais é do que a densidade da área construída ou a densidade do uso do solo. De acordo com МоиНтё *et al.* (2005) a densidade construída (DC) é a razão entre o coeficiente de área construída (CES); ou seja, a razão entre a área total de pavimentos dos edifícios e a área de superfície do quarteirão (ou área de superfície da área de estudo) em que eles estão тркkëз multiplicada pelo número médio de andares.

*Área de implantação do edifício * Altura média*
Superfície da parcela

A densidade construída não diz respeito aos usos, mas à própria natureza do objeto "o ambiente construído". A densidade construída é um indicador baseado no que já existe e, neste sentido, reflecte uma realidade perdida. Assim, um indivíduo que visita um bairro é capaz de apreciar visualmente a altura e a pegada dos edifícios e, por conseguinte, ter uma ideia aproximada da sua densidade construída. Da mesma forma, a densidade, embora baseada em indicadores precisos, permite utilizar o repёrез para analisar diversas situações e cumprir objectivos de desenvolvimento.

No entanto, o que nos propomos tratar envolve apenas a dimensão arquitetónica ou gëomëtrica da densidade.

Por outro lado, estudos negligenciados sobre o clima urbano têm rёyёlё que o início da ilha de calor urbana depende principalmente da densidade urbana (Givoni, 1989) e que o calor armazenado nos edifícios contribui para o aumento da temperatura urbana (Oke, 1988). De acordo com o Painel Intergovernamental sobre as Alterações Climáticas (IPCC, 2007), estas variações de temperatura são susceptíveis de aumentar a frequência de fenómenos extremos, como as ondas de calor. À luz de acontecimentos recentes, como a vaga de calor de 2003 na Europa, as cidades estão a revelar-se pouco adaptadas a estas condições de calor. Assim, a questão fundamental que se pode colocar aqui é como caraterizar a *"Relação entre a ilha de calor urbana, a densidade de construção e os espaços verdes na cidade de Porto-Novo e área envolvente"*. Esta questão principal divide-se nas seguintes sub-perguntas:

- O que é que são parâmetros explicam a variação de 1етрёгаШге8 na cidade de Porto-Novo e arredores?
- Como é que as UHIs se alteraram entre 2001 e 2015?
- Como é que as IUH têm impacto no ambiente e nas pessoas?
- Que papel desempenham os espaços verdes na variação da UHI no ambiente de estudo?

Foram formuladas hipóteses para responder a estas questões.

1.1.1.1. Hipóteses de investigação

A hipoyhёse дёпёгак subjacente a esta investigação é ibmiulada da seguinte forma: a densidade de construção e os espaços verdes na cidade de porto-Novo e na sua envolvente têm influência na 1 instensidade das ilhas de calor urbanas. Esta hipótese é definida da seguinte forma:

- 1 o uso do solo no município está a mudar gradualmente
de Porto-Novo e arredores;
- os espaços verdes urbanos favorecem e contribuem para a formação de zonas mais frescas no concelho de porto-Novo e na sua envolvente, onde a densidade de edificação está a sofrer uma evolução essencialmente gradual;
- As UHI afectam o equilíbrio do clima urbano e a saúde das populações;

1.1.2.2.   Objectivos da investigação

Os objectivos do presente estudo são os seguintes:

J Objetivo geral

O objetivo дëнëral é estudar 1 a influência dos espaços verdes (urbanos) e a densidade do plano construído no número e intensidade das ilhas de calor na cidade de Porto-Novo e arredores.

J Objectivos específicos

Em particular, trata-se de :

- Análise das dinâmicas de ocupação do solo no concelho de Porto-Novo e na zona envolvente;
- caraterização da densidade de construção e do papel e influência dos espaços verdes na UHI ;
- Descrever as UHI, o seu impacto no ambiente e na população e propor soluções sustentáveis para a sua regulação no ambiente de estudo.

Para atingir estes objectivos, a abordagem metodológica foi subdividida em pesquisa documental, trabalho de campo, tratamento dos dados e análise dos resultados.

1.1.3. O que sabemos

O estado dos conhecimentos gira em torno dos quatro subtemas formulados com base nos objectivos específicos. Aborda questões relacionadas com as UHI nas cidades, o seu impacto no ambiente e as estratégias para regular as variações de calor em resultado das opções de planeamento urbano.

1.1.3.1.   Crescimento urbano e ilhas de calor

O desenvolvimento das actividades humanas está a aumentar o efeito de estufa, o que provoca um aumento da temperatura global à superfície e o risco de grandes alterações climáticas no planeta (Jean-Marc, 2004). Segundo este autor, o aquecimento global não é senão o resultado do desenvolvimento humano ao longo de muitos anos, em detrimento do bem-estar do ambiente (...).

M.G.O.P. Obasi (2006), confirma que o crescimento urbano é um modificador das condições climáticas específicas de uma dada região. Com efeito, explica que a extensão das zonas residenciais, a justaposição de blocos de apartamentos, a ausência ou a escassez de espaços verdes, o aumento significativo do número de automóveis, os gases de escape, a iluminação pública, os sistemas de aquecimento e a vedação dos espaços dão origem a toda uma série de factores que modificam significativamente o clima das cidades.

Além disso, Givoni (1989) demonstrou que os estudos efectuados sobre o clima urbano revelaram que o aparecimento da ilha de calor urbana depende principalmente da densidade urbana.

A este respeito, Oke (1988) confirma que o calor é armazenado nos edifícios, o que contribui para o aumento da temperatura no ambiente urbano.

1.1.3.2.   Morfologia urbana e regulação térmica

A morfologia urbana, através das formas tridimensionais, da orientação e do espaçamento dos edifícios numa cidade, desempenha um papel na formação de ilhas de calor urbanas (USEPA, 2008). É por esta razão que Coutts *et al* (2008) afirmam que os edifícios altos e as ruas estreitas podem dificultar a ventilação adequada dos centros urbanos, uma vez que criam desfiladeiros onde o calor gerado pela radiação solar e pelas actividades humanas se acumula e fica retido. Além disso, Oke (1988) afirma que a morfologia urbana também pode influenciar o tráfego automóvel, favorecendo assim a entrada de calor e de poluição atmosférica provenientes deste modo de transporte, o veículo automóvel.

Para Colombert (2008), o fenómeno da **ilha de calor urbana (UHI)**, também conhecido como "ilha de calor urbana", refere-se a uma área metropolitana onde a temperatura é significativamente mais elevada do que nas áreas rurais circundantes.Segundo Colombert (2008), esta variação de temperatura observada resulta de factores naturais e de factores antropogénicos (causados pelo homem), com predominância de factores específicos das zonas urbanizadas, como a ausência de árvores e de vegetação, a presença de grandes superfícies não renováveis que absorvem e armazenam a energia solar e a emissão de múltiplas descargas de energia. Por esta razão, Gigubre (2009) afirma que, durante o dia, as superfícies não reflectoras, como o asfalto, armazenam o calor da radiação solar e libertam-no durante a noite. Neste sentido, Colombert (2008), atesta que a intensidade das ilhas de calor urbanas varia numa base diária e sazonal. Ele explica que a intensidade da ilha de calor é mais elevada durante a noite. Será também mais elevada após um dia de sol com uma velocidade do vento relativamente baixa.

Para ilustrar este argumento de Colombert (2008), Cavayas *et al* (2008) afirmam que, no Quebeque, o clima setentrional reduz fortemente o número de ilhas de calor no inverno. Em btb, as numerosas horas de sol fazem com que o mês de julho seja muitas vezes o período mais favorável à formação de ilhas de calor.

1.1.3.3. Ilhas de calor urbanas e bem-estar

O aquecimento local devido à urbanização tem muitos impactos negativos no ambiente e na saúde (Philippe A. *et al.*, 2011). De acordo com estudos realizados no Canadá em 2018, Trottier observa que o fenómeno das ilhas de calor aumenta a frequência, a duração e a intensidade das **ondas de calor extremas.** Salienta que, desde a década de 1980, os recursos naturais têm sido negativamente afectados pelas elevadas temperaturas registadas. Bourque e Simonet (2007) concordam com este ponto de vista, afirmando que as previsões indicam que as temperaturas médias continuarão a aumentar nas próximas décadas.

Na mesma ordem de ideias, o IPCC (2001) afirma que as ondas de calor provocadas por este fenómeno das ilhas de calor urbanas acarretam riscos importantes para a saúde pública, uma vez que afectam a taxa de morbilidade e de mortalidade da população exposta, criando **stress térmico** nos indivíduos, que pode ser fatal.

Gigubre (2009) afirma que o calor extremo pode causar uma série de desconfortos e doenças, ou agravar uma *doença* crónica ao ponto de causar a morte. Gigubre demonstrou que as pessoas mais vulneráveis ao calor são as que sofrem de doenças crónicas, as populações socialmente isoladas, as crianças de tenra idade, os trabalhadores, as pessoas de baixo nível socioeconómico, os desportistas de alto nível ao ar livre, as pessoas que sofrem de perturbações mentais e os idosos.

Para além disso, Akbari *et al* (2001) referem que as ilhas de calor urbanas contribuem para a formação de "smog", logo para o agravamento da **poluição atmosférica.** De facto, para este último e de acordo com o Environment Canada (2011), o smog, por dëfmition é "uma тёlaпде tóxica de gases e partículas que 1 pode frequentemente observar em 1 ar sob a forma de névoa seelie" e consiste principalmente em dois poluentes: ozono troposférico (O3) (1 ozono medido ao nível do solo) e partículas finas. Confirmam também que o ozono necessita de calor para se formar.

Na mesma linha, Salomon e Aubert (2003) observaram que o calor influencia a qualidade do ar interior, uma vez que favorece a multiplicação de ácaros, bolores e bactérias. Com base nestas constatações, o Conseil Rëgional de 1'Environnement de Montréal (2007), afirma que a poluição atmosférica é responsável por 1540 mortes prematuras por ano em Montreal. Além disso, o aumento dos sintomas respiratórios agudos, das idas às urgências e dos casos de bronquite também se deve ao aumento das concentrações de poluentes no ar, segundo Bouchard e Smargiassi (2007). Além disso, ASSSM (2009) concorda que, em Montreal, são registados diariamente 6.000 casos de bronquite aguda em crianças e 114.000 pessoas com sintomas de asma.

Em França, Besancenot (2005) relata que, em 2003, durante os meses de verão, o país foi duramente atingido por uma onda de calor devastadora. Registaram-se 15.000 mortes, sendo os grupos mais vulneráveis os idosos, especialmente as mulheres.

Labrecque e Vergriete (2008, parte 3: 3) mostraram também que as ilhas de calor urbanas podem igualmente afetar os ecossistemas aquáticos, aumentando a temperatura da água da chuva que entra em contacto com as suas superfícies. Este fenómeno contribui então para elevar as temperaturas dos cursos de água, rios, cumes e lagos próximos para onde escorrem.

Neste sentido, a 1 EPA (2011), confirma que um aumento da tempëratura do ambiente aquático pode então afetar negativamente o mëtabolismo e a reprodução de muitas espëces.

Seguindo a mesma linha de pensamento, Giguere (2009) atesta que as ilhas de calor urbanas levam a um **aumento do consumo de água** potável e contribuem para **um aumento do consumo de energia**. De facto, explica que isso resulta num aumento da procura ënergëtica induzida pelo ar condicionado/ventilação.

Cavayas e Baudouin (2008) afirmam que a cobertura florestal urbana tem vindo a diminuir constantemente no Quebeque desde os anos 60, podendo mesmo estar ameaçada de extinção dentro de 20 anos na comunidade metropolitana de Montreal. De facto, mostram que a densificação progressiva das cidades e o desenvolvimento das infra-estruturas urbanas nas últimas décadas são as principais causas. É por isso que Bolund e Hunhammar (1999), confirmam que esta perda de vëgëtation implica uma perda de frescura no ambiente urbano.

1.1.3.4.   Silvicultura urbana e regulação térmica

De acordo com Akbari *et al* (2001), English *et al* (2007) e Cavayas e Baudouin (2008), a vegetação desempenha um papel essencial na proteção contra o calor através do processo de evapotranspiração e do sombreamento do solo e dos edifícios. De facto, durante o processo natural de evapotranspiração do vapor de água, o ar ambiente arrefece cedendo uma parte do seu calor para permitir a evaporação. Para estes autores, a vëgëtação também contribui para uma boa gestão das águas pluviais e para uma melhor qualidade do ar nas cidades.

Novamente para estes autores, uma mudança no uso do solo de uma área vëgëtalisëe para uma área construída gënëre feita uma "dëgradação térmica".

Cavayas e Baudouin (2008) efectuaram um estudo comparativo, abrangendo o período de 1984-2005, que ilustra claramente a progressão da mineralização em detrimento das áreas naturais na região metropolitana de Montreal, particularmente no oeste da ilha de Montreal, na costa norte e na costa sul. Em particular, este estudo revela uma correlação entre temperaturas elevadas em áreas fortemente minadas e o baixo índice de cobertura vegetal em certos bairros ou municípios.

Da mesma forma, outro estudo anterior utilizando o modelo RAMS (Dubreuil *et al.*, 2001) mostrou o aumento da temperatura e a diminuição da humidade relativa consëcutifs para dëforestation.

Estes autores concordam com Baudouin *et al* (2007) ao mostrarem que as áreas que foram fortemente minëralisadas são muito mais quentes do que as áreas que mantiveram uma vëgëtação significativa.

Por fim, em Bëпт, Natanael (2004) no seu тëто!гe, mediu a pressão urbana das zonas húmidas nos dois vales do Zounvi e do Boиë (Porto-Novo) gradualmente conquistados por 1 expansão urbana, no que diz respeito à questão da gestão urbana. O seu trabalho baseia-se nas noções de pressão urbana e de transformações dos ëcosystëmes húmidos. De facto, depois de fazer l'ëlяl das localizações e dos ëcosystëmes destes vales, identificou os indicadores de pressão urbana e depois ëstabeleceu uma descrição de cada indicador.

As várias abordagens aqui apresentadas fornecem, num contexto geral, as diferentes explicações que foram dadas e as abordagens de soluções que foram propostas em resposta às questões levantadas pelo nosso estudo.

1.1.4. Clarificação de alguns conceitos

Esta ëtude envolve uma série de conceitos que é importante clarificar. Estes incluem:

Morfologia urbana: a forma tridimensional de um conjunto de edifícios e os espaços que criam (Nikolopoulou, 2004).

Este é ëtambém o estudo das formas urbanas (www.techno-science.net, consultado em 22/11/2015). Estas duas dëfmições correspondem bem ao nosso quadro de estudo.

Albedo: De acordo com Nikolopoulou, (2004), l'albedo é dëfmit como ë!anl a fração da radiação solar incidente reflectida por uma superfície.

É também, uma fração da radiação solar reAëlë por uma superfície ou objeto, frequentemente expressaëe em percentagem (**Bessemoulinet, 2000).** No contexto desta pesquisa, é a quantidade de radiação solar sob o efeito de gases, edifícios, e a baixa cobertura de espaço verde no ambiente de pesquisa que é repelidaëe.

Capacidade térmica: Quantidade de calor armazenada quando a sua temperatura aumenta 1°C. É expressa em Wh/m3 °C e obtém-se multiplicando a massa pelo calor específico do material. Quanto maior for o calor específico, maior será a quantidade de calor necessária para aumentar a temperatura de um material (Outils solaires, 2009).

A capacidade térmica de um corpo é uma grandeza que quantifica a capacidade de um corpo absorver ou libertar energia por troca de calor durante uma transformação em que a sua temperatura varia (http://www.techno- science.net/onglet=glossary&definition=1307 , consultado em 29/10/2019).

Estas duas definições são utilizadas no nosso estudo.

Convecção: Dëplacement de calor dentro de um fluido pelo movimento de todas as suas moléculas (Outils solaires, 2009).

Transporte de calor por deslocação da matéria. Convecção térmica, convecção turbulenta, correntes, movimentos convectivos. A convecção só é possível nos fluidos em que um sistema de correntes quentes invade o fluido frio e vice-versa (Michard, 1966). Estas duas definições são utilizadas no nosso estudo.

Adaptação: crescimento gradual da resposta do organismo a uma exposição repetida a um estímulo, incluindo todas as acções que o tornam mais capaz de sobreviver nesse ambiente (Nikolopoulou, 2004).

Segundo o dicionário Larousse francês (www.larousse.fr, consultado em 19/01/2016), adaptação é 1 ação de se adaptar ou de se adaptar a algo: Adaptação às circunstâncias.

Estas duas definições correspondem bem às preocupações do nosso estudo.

Silvicultura urbana : De acordo com Costello (1993), a silvicultura urbana é dëfmit como ë!an! "a gestão de árvores em áreas urbanas".

Para Nilson e Randrup (1996), a silvicultura urbana é definida como ë!anl: "a plantação, gestão, planeamento e conceção de árvores e povoamentos florestais de valor de amenidade, зкиёз dentro ou adjacente a áreas urbanas."

No presente ëtude, a silvicultura urbana tem em conta não só a gestão de vëgëtaux, mas também a gestão de árvores em áreas urbanas.

Espacevert : Il dësignun lugar onde a natureza é amënagëepour I'agrement et l^panouissement de l'espëce humaine. Les espaces verts embellissent les cites et sont interdits a toutes les ticlivites pouvant les dëgrader (www.francetop.net, consulte le 19/01/2016).

É também qualquer espaço público, ркп1ё de flores, árvores ou pastagens destinado a preservar ou envolver os recursos naturais e humanos e proporcionar descanso, dëtente, oxigenação e recreação (Tente, 2008).

Estas duas definições correspondem bem às preocupações do nosso estudo.

Jardin public : Segundo o dictionnaire de l'urbanisme et de l'amënagement (2005) é "um espaço verde urbano, fechado, predominantemente plantado, protegido do tráfego, sem árvores, contíguo a um equipamento público e gerido como tal". Esta definição corresponde bem às preocupações do nosso estudo.

É também um espaço fechado ou delimitado, interior ou exterior, onde se cultivam plantas decorativas (flores, árvores ornamentais, etc.) (www.wikrpedia.org, consultado em 26/05/2016).

Smog: É "uma mistura tóxica de gases e partículas que pode ser frequentemente observada no ar sob a forma de uma névoa seca" e consiste principalmente em dois poluentes: ozono troposférico (O3) (ozono medido ao nível do solo) e partículas finas (Akbari *et al*, 2001) e Environment Canada (2011).

É também uma nuvem de poluição atmosférica constituída por partículas provenientes da combustão (centrais eléctricas a carvão, gases de escape) e ozono troposférico (http://m.futura-sciences.com/magazines/ , consultado em 21/10/2015).

Estas duas definições correspondem bem às preocupações do nosso estudo.

Alterações climáticas: De acordo com um relatório do Painel Intergovernamental sobre as Alterações Climáticas (IPCC, 2001), as alterações climáticas são definidas como uma mudança estatisticamente significativa no estado médio do clima ou na sua variabilidade, que persiste durante um período alargado (normalmente décadas ou mais). Estas alterações podem ser devidas a processos internos naturais ou a forças externas, ou à persistência de variações antropogénicas na composição do almosplere ou na utilização dos solos.

Também se referem a todas as caraterísticas climáticas num determinado local ao longo do tempo: aquecimento ou arrefecimento (www.actu-environnement.com consultë le 21/10/2015).

Estas duas dëfmições são tidas em conta no nosso estudo.

Aquecimento global: phënomëne de aumento da temperatura média da terra e dos oceanos à escala mundial, cuja principal causa é o aumento dos gases com efeito de estufa na terra, resultante da atividade humana (Fedele C., 2010).

É também o aumento da temperatura média à superfície do planeta. Deve-se aos gases com efeito de estufa libertados pelas actividades humanas (Indústria, transportes, agricultura, ...) e piëgës em l'titmospliere (www.climati.e-monsite.com consultado em 21/10/2015).

Estas duas definições correspondem bem às preocupações do nosso estudo.

Microclima: clima resultante do efeito da ação humana (plantação e construção). É, portanto, essencialmente "local". Os microclimas urbanos são complexos, porque dependem da morfologia dos quarteirões e dos espaços públicos, e os factores envolvidos são múltiplos (obstáculos aos campos térmicos radiativos e ação do vento). (Fedele C., 2010).

Refere-se também a todas as condições mëtëorológicas de uma pequena área geográfica que diferem do clima geral da área considerada. Estas especificidades locais devem-se, em gënëral, às cara^rísticas topográficas, gëológicas e hidrológicas locais (www.futura-sciences.com , consultado em 21/10/2015).

Evapotranspiração: quantidade de água transferida do solo para a atmosfera por evaporação (passagem da água do estado líquido para o estado de vapor de água) ao nível do solo e por transpiração (eliminação do vapor de água por excreção) pelas plantas. (Fedele C., 2010).

É também um processo pelo qual os organismos vivos (especialmente as plantas) perdem água sob a forma de vapor. É, portanto, uma perda de água devido a dois phënomënes: a evaporação da água do solo e das plantas e a transpiração das plantas. Este phënomëne está na l'origine de la montëe de la serve dans les vaisseaux (www.aquaportail.com consultado em 21/10/2015).

Efeito de estufa: fenómeno térmico natural que, para uma dada absorção de energia, confere ao corpo que a recebe uma temperatura superficial muito mais elevada. Uma parte dos raios solares atinge o solo, emitindo radiações térmicas que são absorvidas pelos gases com efeito de estufa e aquecem a Ihlinospbere e o solo (Fedele C., 2010).

É também um fenómeno que aquece a superfície da Terra e as camadas inferiores da crosta terrestre, devido ao facto de certos gases da atmosfera absorverem e reflectirem uma parte da radiação infravermelha emitida pela Terra, que constitui a radiação solar que a própria Terra absorve. (www.notre-planete.info consultb le 22/10/2015).

Conclusão parcial

Existem três tipos de UHI que interagem devido às trocas de calor e de massa.

Estes são :

- UHI subterrânea, que tende a aumentar a temperatura do solo nas zonas urbanas por condução;

- o UHI de superfície, que se caracteriza pela diferença de temperaturas de superfície entre

- As cidades e as zonas rurais são púberes, sendo as superfícies urbanas mais quentes do que as das zonas rurais;

- e o UHI atmosférico, que está relacionado com a temperatura do ar (Leconte, 2014).

Os três tipos de UHI interagem devido às trocas de calor e de massa. O segundo tipo, o UHI de superfície, adapta-se bem às preocupações do nosso estudo. O efeito do UHI é que as temperaturas não são suficientemente reduzidas durante a noite, o que prolonga as ondas de calor porque a temperatura permanece elevada durante a noite e acumula-se durante o dia, após o que o ciclo recomeça. Além disso, as caraterísticas da forma urbana, a extensão do coberto vegetal, as propriedades dos materiais de construção e a escala das emissões antropogénicas de calor são alguns dos factores humanos envolvidos na formação de UHIs (Figura 2). Assim, são todos os factores combinados que constituem a UHI. O concelho de Porto-Novo e os seus arredores são afectados pela UHI através de todos estes factores (Figura 2).

FACTORES NATURAIS		FACTORES HUMANOS	
Geográfico		Forma urbana	Cobertura vegetal
- Clima, - Estações do ano -Topográfico		Modificação : - Exposição solar - Velocidade e fluxo de vento - Arrefecimento radiativo - Desfiladeiros geométricos urbano	Diminuição : - Espaços verdes, - Zonas húmidas, - Pavimentos permeáveis ; - Transpiração plantas e a evaporação da água do solo.
Condições climatéricas	**UTI**	Materiais de construção	Calor antropogénico
- Luz do sol -Precipitação , -Ventos		Energia solar: -absorção e reemissão (propriedades radiativas) armazenada (propriedades térmicas) Elevada retenção de calor, albedo (tinta escura, asfalto, telhado, paredes, isolamento, etc.)	Transmissões por : - Edifícios, - Transporte, - Indústria; - Ar condicionado; - Motociclos, veículos
Espaçamento entre casas **Utilizar materiais de cor clara**	**Atenuação UTI :** **POLÍTICA VERDE**	Criação de uma grelha verde	Tornar as cidades mais verdes (telhados, ruas, casas, jardins, parques, etc.)

Figura 2: Diagrama concetual que ilustra os factores que contribuem para a formação de UHIs e as possíveis soluções.

CAPÍTULO II: APRESENTAÇÃO DO AMBIENTE DE INVESTIGAÇÃO

Neste capítulo, é prëzenlë o ambiente de estudo através da situação дёодгарЫдие e das earaeterísticas físicas e socioeconómicas.

2.1. Localização geográfica

O ambiente de pesquisa engloba 1 espaço gëográfico estruturado pela cidade de Porto-Novo. Assim, é constituído por esta demiere e pelas comunas satélites de Лкрго-М188ёгёlё, Avrankou, Sëmë-Podji, Adjarra e les Aguegues. Situa-se entre 6°22'0" e 6°38'20" de latitude norte e entre 2°30'0" e 2°41'15" de longitude leste (PDC 2015). Porto-Novo, a cidade central à qual as outras comunas estão ligadas, é a capital política da República do México e está localizada a 13 km do Oceano Atlântico e depois a cerca de 30 km de Cotonou. [2]O ambiente de investigação está estruturado em 31 arrondissements, 273 aldeias/bairros e cobre uma área de 642 km. A figura 3 apresenta a situação geográfica da comuna de Porto-Novo e das comunas satélites.

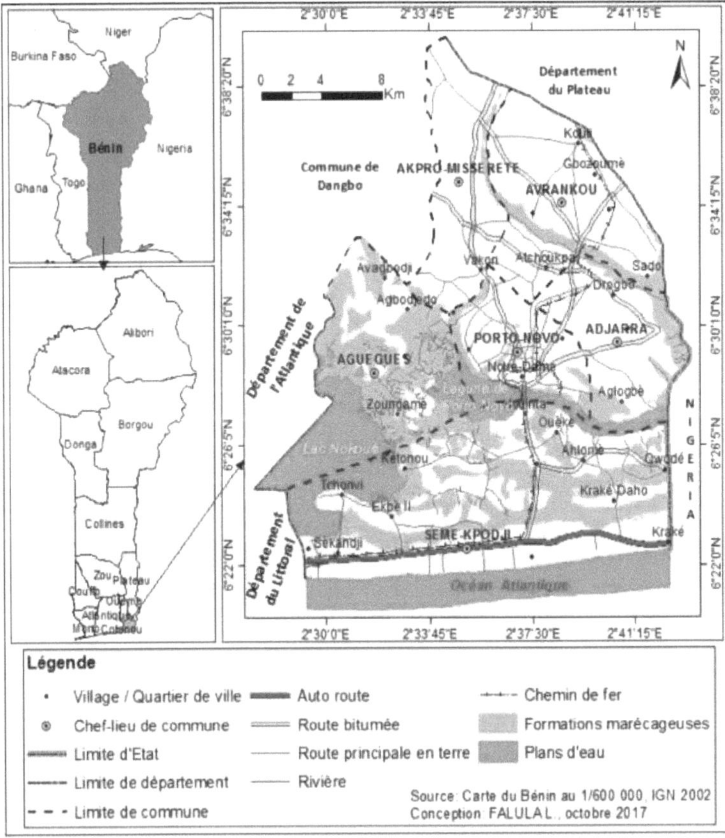

Figura 3: Situação дёодгарЫдие da Comuna de Porto-Novo e seus arredores.

2.2. Caraterísticas físicas

Os ëlëmentos aqui considerados são o relevo, a morfologia, os factores climáticos, a 1 hidrologia, os solos e a paisagem gëológica e a vëgëtação.

2.2.1. Componentes imorfológicos

Os componentes morfológicos envolvem o relevo no local, que sofre alterações em qualquer altura. Na área de investigação, para além de Sëmë-Podji e les Aguegues, as comunas de Porto-Novo, Акрго-M188ёгёlё, Avrankou, Adjarra são constituídas por planaltos. O relevo é muito irregular; com uma altitude de menos de 60 m, o relevo apresenta entalhes em alguns lugares.

Existe um vale entre a Comuna de Adjarra e a Rëpublique Fëdërale da Nigéria. Quanto à Comuna de Sëmë-Podji, situa-se numa planície coPëre envolta num complexo de massas de água (ocëan Atlantique, lagune de Porto-Novo, fleuve Оиётё et lac Nokoue). O relevo muito baixo varia em locais entre 0 e cerca de 6 m de altitude. É principalmente сотрozё de marecages, areias finas impróprias para atividades agrícolas e corpos d'água. A superfície arável representa 39,5% da superfície total da comuna. A comuna de Les Aguegues situa-se num terreno caracterizado por 2 níveis de altitude, subindo gradualmente de sul para norte. As planícies da comuna são constituídas por planícies aluviais baixas, atravessadas pelo rio Оиётё e seus afluentes, cujas margens formam protuberâncias de terra onde as pessoas vivem. Este é o vёritável vale baixo do l'Оиётё (PDC Porto-Novo, 2015). A Figura 4 apresenta os componentes morfológicos da área de estudo.

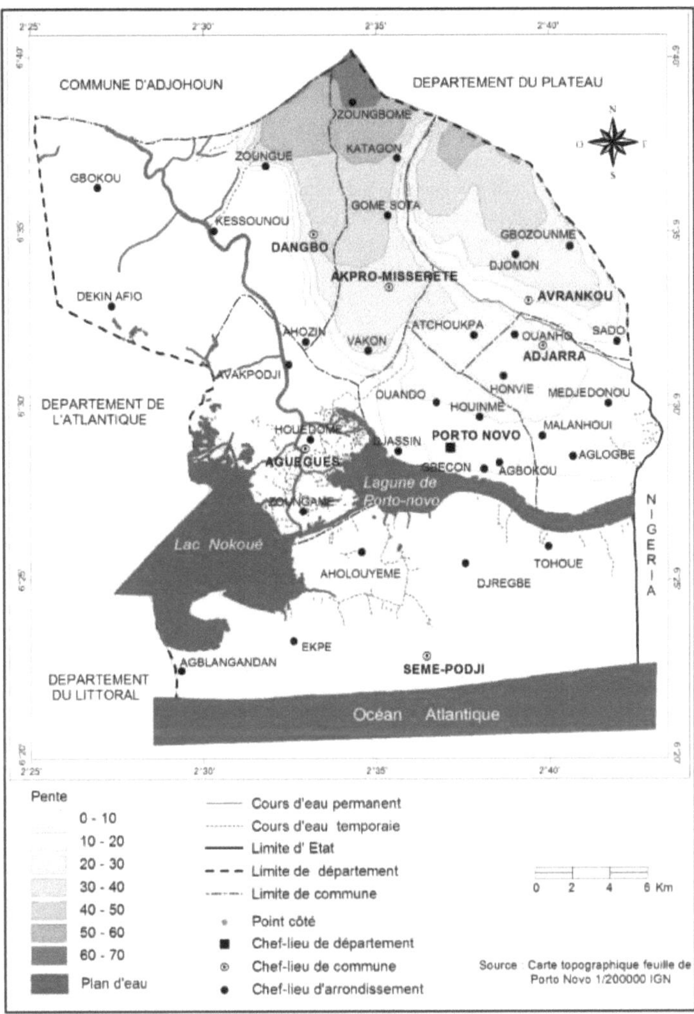

Figura 4: Componentes topográficos da área de estudo

A figura 4 mostra os componentes morfológicos da área de estudo. A análise desta figura revela que a área de investigação é composta por planaltos e planícies aluviais. Os declives variam entre 0-10%, 10-20%, 20-30%, 30-40%, 40-50%, 50-60% e 60-70%. Isto significa que os declives variam de 0,10 metros a 0,70 metros na área de estudo. De facto, se percorrermos um metro horizontalmente numa estrada e esta subir 0,10 metros, estaremos perante uma estrada com um declive de 0,10 metros, ou seja, 10%. Se subir 0,20 metros por cada metro percorrido na horizontal, a inclinação será de 20% e assim por diante.

As encostas suaves estão localizadas a sul, teste e nordeste (PDC, 2015).

2.2.2. Factores climáticos na área de estudo

As comunas de Porto-Novo, Лкрго-M188ёгёlё, Adjarra, Sёmё-podji, Avrankou e d'Aguegues partilham com o departamento de Dё de 1 Онётё um clima subёquatorial fortemente influenciado

pelo regime sudano-gui^en que caracteriza todo o sul do país. Este regime é caracterizado por uma dupla alternância de estações secas e chuvosas:
- uma longa estação das chuvas (abril-julho)
- uma estação seca curta (agosto-setembro)
- uma curta estação de chuvas (outubro-novembro)
- une grande saison seclie (deceeiibre-nuirs). (Adam e Boko, 1993).

Os máximos de precipitação são geralmente obtidos em junho para a estação chuvosa longa e em setembro para a estação chuvosa curta (ASECNA, 2004). A Figura 5 apresenta os valores de precipitação pluviométrica em mm do ambiente de pesquisa nos últimos 30 uniëres (1985- 2015).

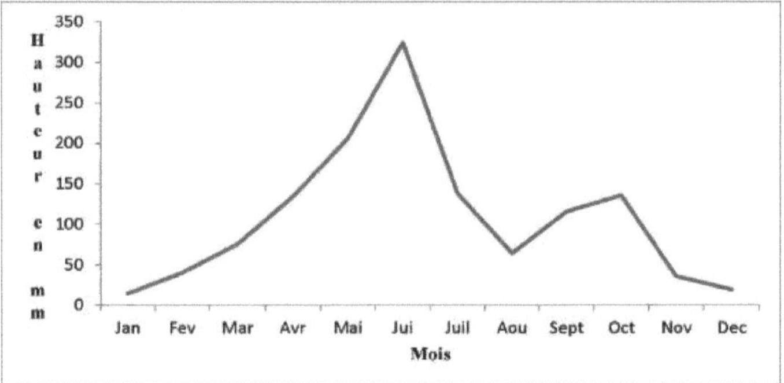

Figura 5: Precipitação em mm no ambiente de pesquisa **Fonte**: Processamento de dados da ASECNA, 2017.

Da análise desta figura, verifica-se que os picos das frequências de обзеrуёез correspondem aos meses de junho e setembro. Este é o período com maior precipitação.

Além disso, a alternância de períodos quentes e húmidos e a proximidade do mar (a cerca de 15 km da costa) são factores que influenciam as temperaturas. Nos dois períodos mais quentes, a temperatura média mensal é de 30,5°C; é de 25°C nos períodos mais frios. A humidade sobe para 80% na estação das chuvas e desce para 65% na estação seca.

A comuna de Porto-Novo e as comunas satélites estão sujeitas à influência de dois ventos principais de intensidade média (2 a 4 mëtres/segundo em média); são eles a monção, que se torna mais intensa entre janeiro e julho, e o harmatão, um vento fresco e seco que está ativo de dezembro a janeiro. A monção sopra do sul para o norte do país e o harmattan do norte para o sul.

As tempëraturas médias do ar na cidade nos últimos 30 anos são apresentadas na Tabela I (Anexo I) e interpretadas na Figura 6.

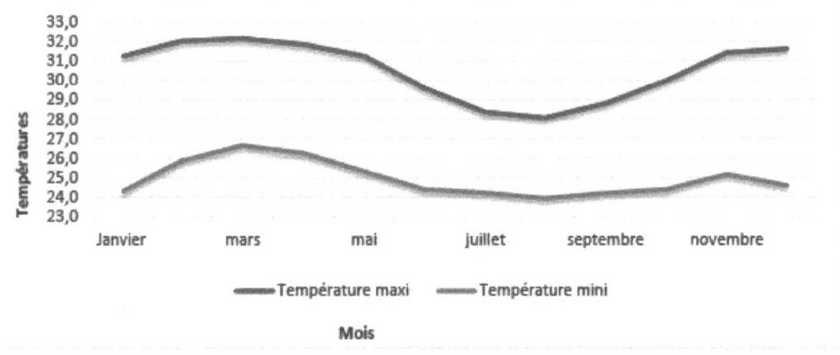

Figura 6: Tempëraturas médias mensais durante o përiod 1985-2015 em Porto-Novo e na área circundante

18

Fonte: Processamento de dados ASECNA, 2017

A figura mostra que os meses mais quentes do ano em termos de temperaturas máximas são janeiro, fevereiro, março, abril, maio, novembro e dezembro, com um valor médio de 30,5°C. Em contraste, os meses mais quentes em termos de temperaturas mínimas são fevereiro, março, abril, maio e novembro, com um valor médio de 25°C. Por outro lado, para as tempëraturas mínimas, os meses mais quentes são: fëvrier, março, abril, maio e novembro, com um valor médio de 25 °C.

2.2.3. Rede hidrográfica

O sistema hidrográfico é constituído essencialmente pela lagoa de Porto-Novo, relativamente pouco profunda (entre 2 e 4 metros de profundidade), e pelos rios Zounvi, Donoukin e Vakon. Esta lagoa faz parte da rede hidrográfica dos rios Онётё e So. Elie dëverse dans l'ocëaп Atlantique par le chenal de Lagos. A profundidade do lençol freático varia de acordo com a topografia perto da lagoa e nas dëpressões é inferior a três (3) metros, enquanto no planalto é de cerca de 15 metros. Quanto ao Akpro-Misserete, é composto por dez (10) quilómetros de cursos de água que abrangem quatro rios e alguns marigots. Existem também marecages e baixios adequados para a piscicultura em vários arrondissements (Vakon, Katagon, Gomë-Sota e M188ërë1ë). A comuna de Avrankou é atravessada por uma rede hidrográfica composta por riachos e planícies. [2]As planícies circundam quase toda a comuna e cobrem uma área de cerca de 16 km. São atravessadas por 46 km de cursos de água, a maior parte dos quais são navegáveis. Estes rios são Houssoutokpa, Atchoukpa tokpa, Gbokouso tokpa, Danmë kpossou tokpa, Wamon tokpa, Sado tokpa, Agoumanya, Sogbo, Adogba e Tokpa agua. Sëmë-Kpodji, situado entre o mar, o lago e o complexo lagunar, Sëmë-Podji bënëflcie d'un reseau hydrographique favorable aux t-ictivites de peche. Esta é a lagoa de Cotonou, que se alarga para formar o lago Nokorie (14.000 ha). Comunica através do canal Toclie com a lagoa de Porto-Novo, que se estende até Lagos, na Nigéria, criando uma espécie de reservatório de água doce (PDC Porto-Novo, 2015).

A rede hidrográfica do município de Adjarra é constituída pela lagoa de Porto-Novo, a sul, e pelo rio Aguidi, a nordeste. O leito deste rio é ocupado por palmeiras de ráfia. Parece tratar-se de uma série de zonas baixas utilizadas pela população local para obter água de várias fontes (os marigots de Do, Tchakou, Sëmë, Mëdëdjonou, Djavi, Adjina, Adjarra, etc.) e canais transversais. As massas de água são mal mantidas. São invadidas por vëgëtaux e dëchets que dificultam o seu escoamento. Em consequência, tornaram-se pobres e estão a encher-se gradualmente. No que diz respeito aos Aguegues, o principal curso de água que atravessa esta comuna é o delta do 1Юонётё. Esta comuna forma a protuberância de terra e as vastas planícies de planícies pantanosas que separam a lagoa de Porto-Novo e o lago Nokorie. O grande canal de Totche é a sua linha de demarcação a sul com a comuna de Sëmë-Podji (PDC Porto-Novo, 2015). A Figura 6 ilustra a hidrografia da área de estudo.

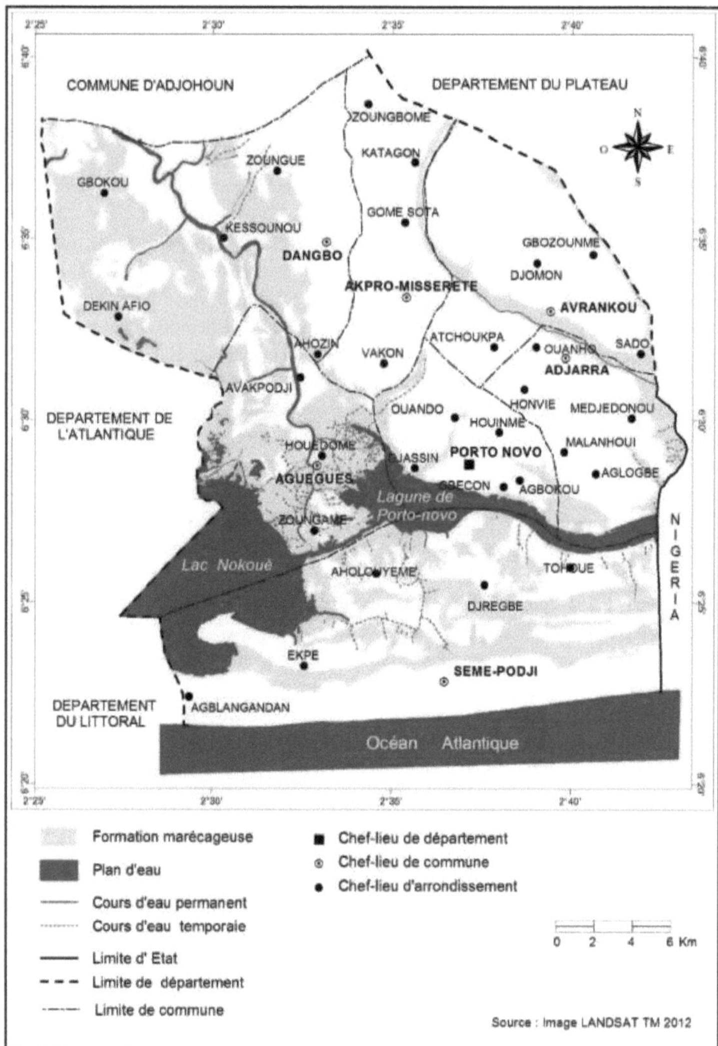

Figura 7: Rede hidrográfica na zona de estudo

A análise desta figura mostra que a zona de investigação contém cursos de água permanentes e temporários, formações húmidas e massas de água. Estes vários cursos de água e massas de água oferecem uma vasta gama de actividades, desde a horticultura comercial à pesca e ao transporte fluvial e lagunar. Em torno destes cursos de água e massas de água, existe uma formação vëgëtale composta por plantas herbáceas e arbustos. Estes são locais que albergam diversos ecossistemas. Estas espécies de plantas ajudam a limpar o ambiente, capturando o dióxido de carbono em suspensão.

2.2.4. Solo e paisagem geológica

Na zona de investigação, os solos variam de uma comuna para outra. Na comuna de Porto-Novo, podem distinguir-se dois tipos de solos: solos lixiviados no planalto que se estende de Djlado a Tokpota, passando por Dowa, Houinmd, Hounsouko, Djdgan e Attakd. Estes solos são constituídos essencialmente por uma camada de argila e areia (terre de barre) de cor ocre-avermelhada, alternada com uma estratificação de areias amarelas, brancas e argilosas. Estes solos são lixiviados e empobrecidos pela intensa cultura de palmeiras, cocos e diversas culturas alimentares como o milho, a mandioca, o amendoim e o nidbd. Os solos hidromórficos encontram-se principalmente nas zonas baixas ao longo da lagoa de Porto-Novo (Profil Environnemental de Porto-Novo, 2001).

Além disso, de acordo com a classificação elaborada no âmbito do Programa Nacional de Combate à Desertificação, Porto-Novo situa-se na zona de solos muito degradados e com elevada pressão demográfica (Perfil Ambiental de Porto-Novo, 2001). Nestas zonas de solos estéreis, muitas vezes densamente povoadas, a fragmentação da terra em explorações muito pequenas, devido ao sistema de herança e aos mecanismos de distribuição social, não favorece a prática do pousio. O declínio da fertilidade do solo deve-se, portanto, à erosão das formações superficiais. Na cidade, o solo é constituído por uma mistura de argila e areia até uma profundidade de cerca de 17 m, caracterizada por uma boa drenagem e uma coesão elevada. Ao contrário de Cotonou, estes solos são relativamente impermeáveis, com coeficientes da ordem de 10-7 m/s a 10-5 m/s (Perfil Ambiental de Porto-Novo, 2001).

As comunas de Akpro-Missdretd e Adjarra apresentam três (03) tipos de solos: os solos ferralíticos, de cor vermelha e de textura areno-argilosa (solos de barra), que cobrem cerca de 80% da superfície total destas comunas. Os solos castanhos claros, de textura arenosa, fáceis de trabalhar, encontram-se nas bordas das zonas pantanosas baixas, quer em depressões fechadas, quer em solos argilosos hidromórficos, ricos em matéria orgânica, localizados em zonas propensas a inundações (PDC, 2015).

A Comuna de Avrankou possui solos ferruginosos formados no terminal continental. São profundos e fáceis de trabalhar. Cobrem mais de 80% do solo da Comuna. Em alguns locais, são utilizados como pedreira de terra vermelha para a construção de estradas e para o fabrico de tijolos de terra estabilizada. Os solos hidromórficos estão muito localizados nas zonas húmidas da Comuna, nomeadamente na zona de marecagem; o caulino está presente no distrito de Atchoukpa e a turfa está presente em grande quantidade ao longo da zona de marecagem. Devido ao seu carácter combustível, é um recurso importante mas inexplorado para a comuna (PDC, 2015).

Devido à sua posição topográfica, a comuna de Sëmë-Podji só tem solos que são essencialmente o resultado de lixiviação ou sëdimentação. São maioritariamente hidromórficos e muito pobres em nutrientes e matëriais orgânicos, particularmente em base, azoto e fósforo, mas ricos em dióxido de silício com alguns elementos ëlë dos solos ferruginosos tropicais. No geral, pode-se fazer uma distinção entre solos hidromórficos nesta comuna que não são muito ëyo1иёз e, portanto, pobres, formados na areia do mar, solos hidromórficos com Gley que são moderadamente orgânicos, úmidos e mais ricos, formados em matëriaux de lagoa aluvial, solos lesivos com tendência podzólica formados em matëriaux quaternários e pseudo-gley formados em matëriaux areno-argilosos Como resultado, muito poucos solos são favoráveis ou marginalmente adequados para a produção de alimentosx Por outro lado, são aparentemente favoráveis para palmeiras de óleo, coqueiros e cana-de-açúcar, que se desenvolvem bem lá (PDC, 2015).

A comuna de Les Aguegues tem solos de argila preta hidromórfica adequados para a agricultura. Estes solos recebem depósitos aluviais anualmente quando o rio Ouëtë inunda, o que mantém a sua fertilidade. Esta comuna é rica em vários canreres de areia de rio, argila preta de cerâmica e planícies agrícolas. A exploração destes recursos ainda não está bem organizada, embora sejam uma mais-valia para a população local em termos de construção de casas e estruturas, cerâmica artesanal, produção fora de época, etc. A Figura 7 mostra as formações pëdológicas na área de estudo.

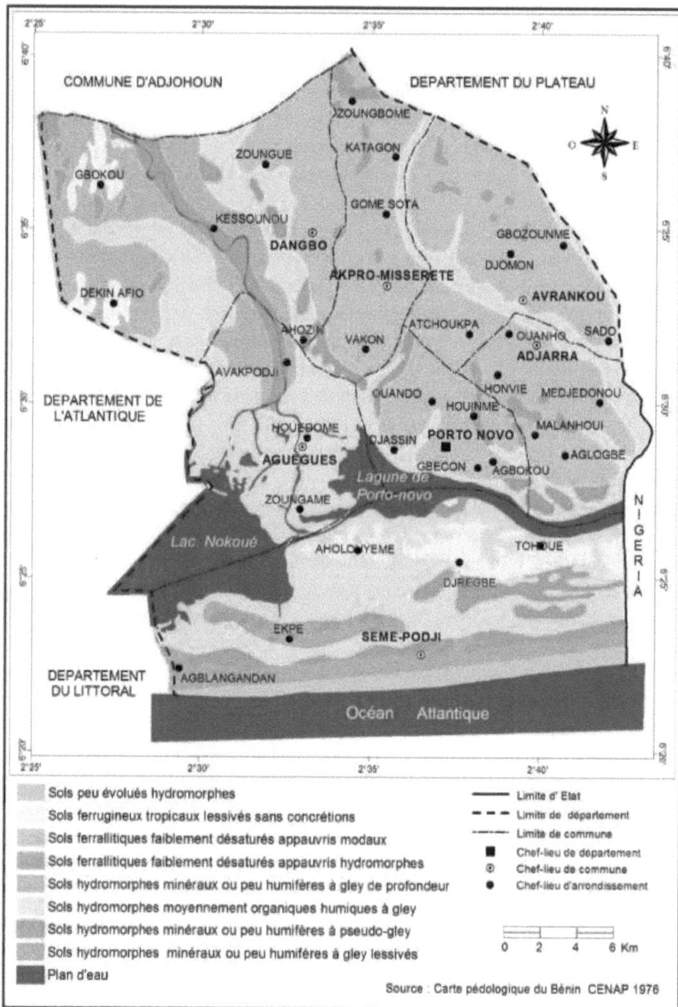

Figura 8: Formações pëdológicas na área de estudo

A análise da figura 8 mostra que, nesta zona, existem gënëralement solos ferralíticos, solos ferruginosos e solos hidromórficos e suas variantes. Nestes solos crescem uma vëgëtation dependendo dos seus componentes noturnos.

2.2.5. Formação de plantas

La yëdë!aййоп du milieu de recherche a etc largement modifree par l'activite humaine. Elie é сотрозёе de savana herbácea que se observa hoje nas zonas de extensão cuja ocupação 1 ëvolue muito rapidamente devido ao opërайоп3 de conjuntos habitacionais que dë desenvolver lá. Em alguns lugares, ela é esparsaëe. Elie é dominado por palma de óleo (*Elaesis guineensis*). Nos solos hidromórficos das terras baixas, cresce uma vegetação atípica de fetos, silvas e plantas aquáticas, enquanto nas margens dos rios existem algumas espécies de floresta sob as quais as populações ribeirinhas cultivam culturas alimentares e hortas. Nas margens dos sapais, a vegetação mais variada é constituída por palmeira-ráfia, bambu, iburragera e outras espécies aquáticas. Na zona arenosa, um tapete herbáceo pouco enraizado, vastos coqueirais, filão, 1 eucalipto e 1 acácia. As zonas marinhas: por alguns tufos de Andropogon gayanus, povoamentos isotéticos de silvas (Borassus aethiopum) e ciperáceas (PDC, 2015).

2.3. Caraterísticas humanas e económicas

2.3.1. Dados demográficos

Dans la zone d'étude eonstituee par les Communes de Porto-Novo, Aкpro-M188ёrё1ё, Adjarra, Sёmё-kpodji, Avrankou et d'Aguegues, des résultats du recensement 1979 il est dёnombrё respectivement des effectifs de la population de 133168 habitants, 39291 habitants, 34074 habitants, 5233 habitants, 50016 habitants et 14895 habitants. Em 1992, estas populações aumentaram para 179138 habitantes, 52 885 habitantes, 46 427 habitantes, 65016 habitantes, 68 503 habitantes e 21 333 habitantes, respetivamente. Em 2002, a população tinha aumentado para 223 552, 72 652, 60 112, 115 238, 80 402 e 26 650, respetivamente. Em 2013, a população da área de estudo aumentou para 264 320 habitantes, 127 249 habitantes, 97 424 habitantes, 222 701 habitantes, 128 050 habitantes e 44 562 habitantes, respetivamente. A Figura 8 mostra a evolução da população na área de investigação de 1979 a 2013.

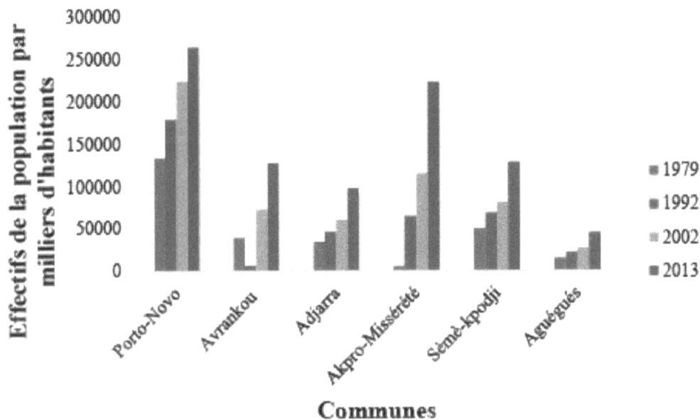

Figura 9: Evolução da população na área de investigação de 1979 a 2013

Olhando para esta figura, verifica-se que a população da zona está a registar um aumento ёyol ийoп de 1979 a 2013. Este forte crescimento coloca problemas de gestão do espaço, sobretudo nas zonas urbanas, onde todos procuram viver na cidade, abandonando as zonas rurais em resultado do esgotamento das terras agrícolas. Consequentemente, as novas actividades exigem a deslocação das pessoas, principalmente através de meios de transporte individuais, o que gera poluição atmosférica e sonora através dos gases de escape dos motores. A isto juntam-se os gases libertados pelas poucas indústrias aí instaladas. O problema do saneamento não é esquecido, com resíduos líquidos e sólidos que perturbam a vida das pessoas através da libertação de gases, provocando doenças.

2.3.2. Tendências e projecções demográficas

Dois períodos principais devem ser considerados no crescimento demográfico da cidade de Porto-Novo, em torno da qual se enxertam os outros municípios. Entre 1961 e 1979, a população de Porto-Novo passou de cerca de 61.000 para 133.163 habitantes, com uma taxa média de crescimento anual ligeiramente superior a 4%.

Durante o período intercensitário (1979-1992), a população passou de 133 168 para 179 138 habitantes, com uma taxa média de crescimento de 2,3%, ou seja, uma média de 3 584 novos habitantes por ano. Esta diminuição da taxa de crescimento deve-se essencialmente à diminuição da contribuição migratória; o saldo migratório passou de 79 para menos de 2.100 habitantes durante este período, em consequência dos investimentos efectuados pelo Estado no sector do desenvolvimento agrícola a partir da década de 1980. Por outro lado, a taxa média de crescimento natural aumentou ligeiramente de 2,9% para 3,4%. Tendo em conta a população de 2013 com uma taxa de crescimento de 3,69% para o département de l'Oиётё e a fórmula (RGPH, 2013).

A projeção demográfica da área de pesquisa em 2025, com base nos cálculos, dá os seguintes resultados: 394.799 habitantes, 190.064 habitantes, 145.517 habitantes, 332636 habitantes e 191.261 habitantes, 66.560 habitantes. A Figura 9 mostra a população da área de investigação em 2025.

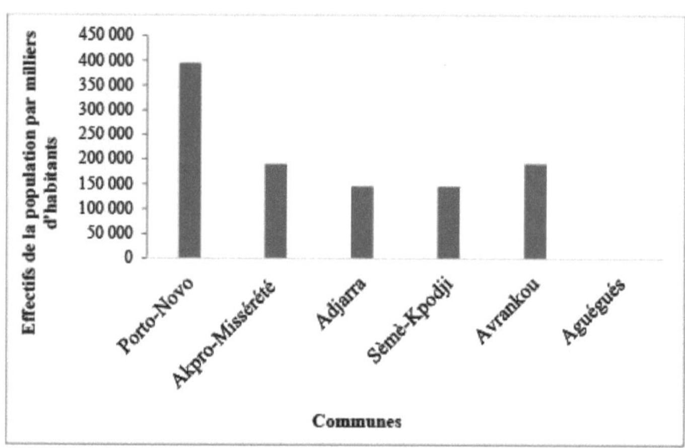

Figura 10: População da área de investigação até 2025

A análise desta figura mostra que a população da zona de investigação varia de uma comuna para outra. Por um lado, este crescimento seria natural e, por outro, estaria relacionado com a migração interna, que leva os jovens e certos adultos a abandonar o meio rural por várias razões, nomeadamente o empobrecimento do solo, os problemas sociais e a melhoria das condições de vida.

2.3.3. Grupos étnicos

Atualmente, existe um mosaico de grupos étnicos que vivem juntos na área de investigação. Estes incluem os Goun, os Yoruba, os Toffin e os Oиётё. Assim, os Goun e Fon são maioritários (66%), seguidos dos Yoruba (25%) e dos Adja, Mina e Toffin (4%). Outros grupos étnicos incluem os Bariba, Dendi, Yom-Lokpa, Otamari e Peulh (5%). A comuna de Akpro-Missërëtë é habitada principalmente por Tori (97,4%) e Yoruba e grupos afins (1,3%), e também inclui Yoruba e Ibo da Nigéria. O Goun (83%) e o Ioruba (8,2%) são falados na comuna de Adjarra, onde o Adjarra, o Setto, o Toli, o Goun e o Ioruba são as línguas principais. A comuna de Avrankou é povoada principalmente por Tori e apparentës (93,7%) e Yoruba e apparentës (3,5%). Na comuna de Sëmë, há os Fon e apparentds, que representam 46,19% dos habitantes da comuna, e os Adja e apparentds, 37%. Os outros grupos estão em minoria; estes são os Yoruba que representam apenas 7,25% Na Comuna de Aguegues, Toffin e os Oиётё constituem os dois grupos étnicos maioritários que coabitam (PDC, 2015).

Esta mistura étnica está também na origem da diversidade das actividades económicas da cidade. Os comerciantes Yorouba desenvolveram as suas actividades comerciais, enquanto os Goun e os Fon estão fortemente envolvidos na agricultura e nos transportes. Quanto aos outros grupos étnicos, encontram-se no sector da prestação de serviços, nas barracas de bebidas e restaurantes e em actividades diversas.

2.3.4. Religião

A vida espiritual da zona de investigação é animada por várias religiões. Cada uma delas prega uma cultura de paz, de tolerância mútua e de coesão local e nacional. Podem distinguir-se três categorias de religiões:

1. religião tradicional (29,20%): As religiões tradicionais centram-se no vodu, no tron, no zangbdto, no d'oro, etc. As exigências dos seus ritos e rituais são propícias à proteção das florestas sagradas que albergam os seus conventos.

2. a religião cristã (45,70%): inclui as igrejas evangélicas, os católicos, os protestantes, os cristãos celestiais, etc.

3. l'Islam (25,10%)

A identidade cultural específica desta área de investigação baseia-se no tríptico de crenças ancestrais e sincretismo religioso constituído pela crença num Deus supremo, criador do universo, e pelo culto dos antepassados conhecido como "Vodoun" em Goun ou "Orisha" em Yoruba.

2.3.1.5. Planeamento urbano

A partir dos anos 60, o desenvolvimento urbano da cidade de Porto-Novo estendeu-se aos bairros em torno da avenida exterior, como Kanddvid, Houinmd, Djaguidi, Founfoun e Avakpa. Atualmente, a urbanização está a ocorrer em bairros como Dowa, Akonabod, Djdgan-Kpdvi, Djdgan-Daho, Gbodjd, Louho, etc.

A cidade de Porto-Novo ocupa 5.213 ha com uma área urbanizável de 4.415 ha e uma taxa de crescimento espacial de 2,6% (PDC, 2015).

A cidade tem 430 ha de terras baixas. O restante está repartido pelos bairros da seguinte forma Ouando (1.423 ha), Houinmd (366 ha), Hounsouko (426 ha), Djegan Daho (976 ha), Ilefid (75 ha), Akron (71 ha), Avassa (41 ha), Oganla (60 ha), Houezounmd (21 ha), Zdbou (16 ha), Ahouantikome (35 ha), Degue gare (58 ha), Foun-Foun (215 ha), Djassin (281 ha), Attake (466 ha), Bas-fonds (430 ha) (PDC, 2015)

O serviço dos distritos centrais é bom. Não é o caso dos bairros novos, onde l'eau et Pë^cкгac^ë cobrem apenas as ruas primárias e secundárias. O ordenamento do território numa grande cidade como Porto-Novo é de nëcessitë para controlar melhor os loteamentos mas também as mutações de direitos sobre as parcelas. Para este efeito, foi criado o registo predial urbano (RFU).

2.3.1.6. Habitat

o Tipo de habitat e materiais utilizados

A habitação na cidade de Porto-Novo e nos concelhos limítrofes é constituída por casas tradicionais construídas com terra, bambu, tijolo e parcelas de terreno, e por casas modernas construídas com tijolo, chapa e lajes. As habitações estão organizadas em concessões familiares, sobretudo nos bairros antigos dos arrondissements 1 e 2 de Porto-Novo, e em todos os outros lugares há concessões y familiares.

lotes e moradias.

Foto 1: Porto-Novo visto do céu (resolução de 30 тĕlгeз).
Fonte: IGN França, 2018

Foto 2: Porto-Novo visto do ar
Fonte: Google MAP, 2022

Uma das particularidades da cidade de Porto-Novo reside no contraste apresentado pela paisagem urbana. De facto, y distinguir vários tipos de arquitetura que se harmonizam para fazer a beautyë da cidade (PDC Porto-Novo, 2016) :

1.   arquitetura tradicional: marca o núcleo antigo оссирë pelas concessões das famílias Goun e Yoruba, centradas em torno do palácio real "Honmë". Esta arquitetura pode também ser observada nas suas comunas përiphëric. Esta arquitetura caracteriza-se pela vëtuscitë dos materiais de construção utilizados, apesar de alguns edifícios tradicionais terem sido renovados.

2.   1 arquitetura colonial: é visível na zona administrativa colonial, com edifícios monumentais utilizados como locais de trabalho e residências administrativas.

Foto 3: Antiga Mesquita Central em Porto-Novo
Fotografia: L. FALOLOU, dezembro de 2019

3. 1 Arquitetura de tipo afro-brasileiro: é locaH3ёe no espaço de junção entre o núcleo antigo e a zona administrativa colonial a oeste da cidade. Este é o modelo yёbIcиlё pelos escravos libertados e inspirado em edifícios de estilo brasileiro ou português. Os edifícios são imponentes e marcados por motivos decorativos. A mesquita central de Porto-Novo é um dos protótipos mais representativos deste modelo.

4. 1 Arquitetura religiosa: É típica dos templos conventuais, ё igrejas e mesquitas (inspiradas na arquitetura portuguesa e do Médio Oriente).

Foto 4: Catedral de Notre Dame em Porto-Novo
Fotografia: L. FALOLOU, dezembro de 2021

Foto 5 : Nova Mesquita Central ao lado da antiga em Porto-Novo
Fotografia : L. FALOLOU, dezembro de 2021

5.   Arquitetura contemporânea nos "bairros novos" da periferia do velho Porto Novo.

Na comuna de Akpro-Missdretd, as habitações tradicionais e semi-modernas caracterizam os métodos de construção. De um modo geral, a habitação não sofreu grandes alterações, mesmo nas zonas em que os terrenos já estão parcelados e pertencem a particulares ou a colectividades. Em Avrankou, a situação dos transportes é quase idêntica. O centro urbano assemelha-se a uma cidade antiga com edifícios antigos. Uma mistura de cabanas de barro e de casas permanentes construídas pelas colectividades locais constitui a decoração geral da cidade. Os edifícios de prestígio (habitações modernas) são ёпдёз em alguns sítios, mas em número muito limitado. No entanto, existem atualmente grandes estaleiros de construção сопзёсийГз para trabalhos de subdivisão que auguram para breve uma nova face da cidade que alberga a maior parte das instalações ёadministrativas da Comuna.

A habitação na comuna de Sëmë-Podji é predominantemente grupal. As maiores concentrações de pessoas encontram-se em torno dos centros administrativos do arrondissement. A maioria das habitações é feita de materiais duráveis (cimento, chapa metálica, ferro, etc.) e, por vezes, de materiais precários (costelas de palmeiras, argilas, costelas de ráfia, etc.). A sua arquitetura é recente.

Existem três tipos de habitat na comuna de Adjarra:

-    Habitação tradicional: Construção em terra nua ou rebocada com argamassa de cimento, coberta com palha ou telhado, dentro de um terreno não vedado.

Foto 6: Habitação tradicional em Adjarra *Foto: L. FALOLOU, dezembro de 2017*

-    Habitação semi-moderna: Construção em terra nua ou rebocada com argamassa de cimento, coberta com telhado isolado ou dentro de um recinto vedado com um portão.

Foto 7: Habitação semi-moderna em Adjarra
Fotografia: L. FALOLOU, dezembro de 2017

- Habitat moderne : Construction en адд1отёгёз de ciment et couvert en tole, tuile ou dalle en Ьё1оп a l'intёrieur d'une concession cloturee.

Foto 8: Habitação moderna em Adjarra
Fotografia: L. FALOLOU, dezembro de 2017

No geral, 1 habitat não tem muito ёуо1иё mesmo em áreas onde a terra é dёja parcellisёes e propriedade de indivíduos ou coletivos.

O centro urbano tem o aspeto de uma cidade antiga com edifícios antigos. Uma mistura de barracas de banco e casas sólidas separadas pelas vegetações forma a decoração geral da cidade. Os edifícios modernos são ёrigёs em alguns locais, mas em número muito limitado. No entanto, existem atualmente vários grandes estaleiros de construção consёcutivos aos trabalhos de loteamento, o que sugere que a cidade, que alberga a maior parte das instalações administrativas da Comuna, terá em breve uma nova face.

Quanto à comuna de Aguegues, encontramos habitações tradicionais: casas sobre palafitas e também casas feitas de matёriaux dёfmitive quer sobre palafitas (em Ьё1оп) quer construídas diretamente no solo se a textura o permitir.

2.3.2. Caraterísticas económicas

Na zona de investigação, as caraterísticas económicas variam de uma comuna para outra. A economia local de Porto-Novo baseia-se essencialmente no sector informal. O sector formal não está desenvolvido. Esta situação é favorecida pela permёabilitё das fronteiras Bёnino-Nigёriane. A cidade não se especializou em nenhuma atividade económica em particular. No entanto, Porto-Novo continua a ser o тёкорок de grandes comerciantes do Bёninois com volumes de negócios relativamente grandes.

Como mostra a Figura 10 abaixo, 47,28% dos filhos de Porto-Novo estão envolvidos no sector terciário. Estão principalmente envolvidos no comércio, cujo desenvolvimento é apoiado pela Nigéria, o seu grande vizinho. O segundo sector que mobiliza a população de Porto-Novo é a indústria transformadora (26,29%). O número de empresas industriais registadas em Porto-Novo é limitado (21). Por outro lado, o artesanato constitui um importante ëlëment da 8pëe1:йc11ë cidade, nomeadamente em termos de emprego e de rendimento. Quanto ao sector primário, é inexistente (2,65% da população), o que mostra que a população de Porto-Novo não é agrícola.

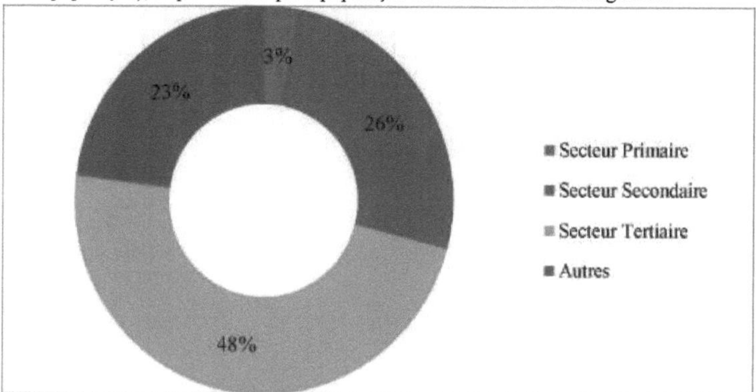

Figura 11: Rëpartição da população de Porto-Novo por sector económico *Fonte: Plan de Developpement Commiunale (PDC) de Porto-Novo*

A população economicamente ativa é largamente dominada pelas mulheres, que dirigem mais de 56% das empresas inquiridas, nomeadamente no sector do comércio. A população ativa é jovem, e 54% dos chefes de empresas comerciais e de serviços têm menos de 30 anos. O circuito "moderno" em que os iorubás se encontram em imijonte desenvolveu-se com o boom do petróleo na Nigéria, em 1973. A proximidade geográfica deste país e os laços étnicos favorecem as trocas mais ou menos tegais entre os comerciantes através, por um lado, do desenvolvimento de um sector descrito como informal e, por outro, da expansão da zona urbana. As actividades económicas da Comuna de Akpro-Missërëtë baseiam-se essencialmente no sector informal, com 52,84% da população envolvida no sector terciário. Estão principalmente envolvidos no comércio, cujo desenvolvimento é коуопзё pelo grande vizinho Nigéria. O segundo sector que mobiliza a população de Akpro-Missërëtë é o sector primário (31,43% da população). A agricultura é a atividade dominante neste sector. Não existem empresas industriais registadas no município de Akpro- M188ërë1ë. Os 7,83% da população neste sector estão principalmente envolvidos no artesanato (Figura 10).

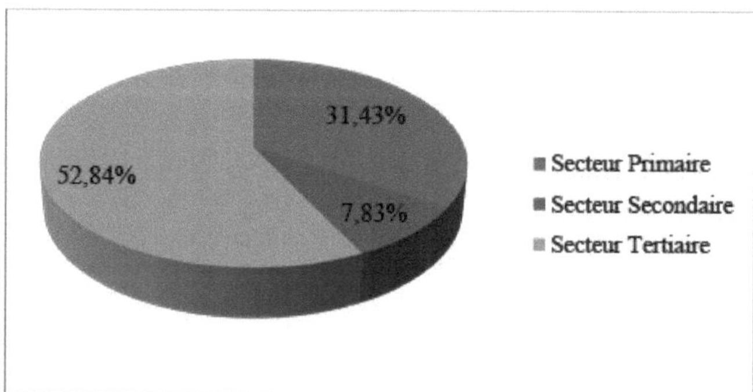

Figura 12: Rëpartição da população de Akpro-Missdrdtd por sector económico *Fonte: Plano de Desenvolvimento Comunitário de Akpro-Misserete (PDC).*

O sector terciário (52,84%) tem precedência sobre o sector secundário (7,83%) e o sector primário (31,43%). O fenómeno urbano engloba 52,84% desta população, que está sujeita a várias consëquências relacionadas.

A economia local de Avrankou baseia-se essencialmente no sector informal, favorecido pela permissibilidade das fronteiras Bënino-Nigëriane. De acordo com a figura acima, a população de Avrankou investe 53,51% no sector terciário. Os habitantes estão principalmente envolvidos no comércio, cujo desenvolvimento é favorecido pelo seu grande vizinho, a Nigéria. As outras actividades deste sector são a restauração e os transportes. O sector primário é o segundo sector que mobiliza a população de Avrankou. Neste sector, 21,20% da população está envolvida na agricultura, caça e pesca. O terceiro sector que mobiliza a população de Avrankou é a indústria transformadora e a construção (15,19%). Não existem empresas industriais localizadas ou registadas em Avrankou. A figura 13 mostra a distribuição da população de Avrankou por sector.

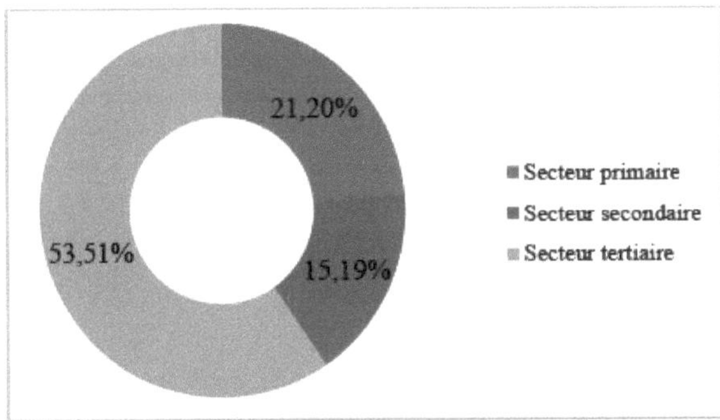

Figura 13: Rëpartição da população de Avrankou por sector económico.
Fonte: Plano de Desenvolvimento Comunitário de Avrankou (PDC)

A análise desta figura mostra que o sector terciário concentra a maior parte da população deste município, seguido dos sectores primário e secundário. Esta situação dá origem a problemas de gestão de gases de todo o tipo, que contribuem para a formação de ilhas de calor, especialmente no meio urbano representado pelos bairros centrais.

A economia local de Adjarra baseia-se essencialmente no sector informal, favorecido pelo carácter permanente das fronteiras entre o Benim e o Níger. De acordo com a figura 14, 56,91% da população de Adjarra trabalha no sector terciário. A sua atividade principal é o comércio, cujo desenvolvimento é incentivado pelo seu grande vizinho, a Nigéria. O segundo sector mais importante para a população de Adjarra é a indústria transformadora (19,17%). Não existem empresas industriais estabelecidas ou registadas na comuna de Adjarra. Em contrapartida, o artesanato é um fator importante da especificidade de Adjarra, nomeadamente em termos de emprego e de rendimentos. Quanto ao sector primário, é praticado por 13,33% da população, o que mostra que a população de Adjarra é cada vez menos agrícola.

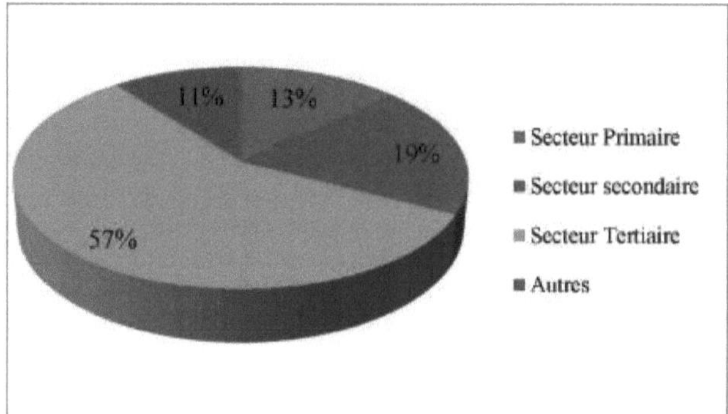

Figura 14: Rëpartição da população da comuna de Adjarra por sector ëconoт!дие *Fonte: Plan de Developpement Commiunale (PDC)* d'Adjarra.

A análise desta figura mostra que, nesta comuna, o sector terciário representa 57% da população, em comparação com 19% para o sector secundário, 13% para o sector primário e 11% para os outros sectores. Isto mostra que Adjarra é uma cidade përiphëric para a Comuna de Porto-Novo. Contribui para o crescimento da sua população através dos serviços que presta, o que não é isento de consëquências para a produção de gases com efeito de estufa de várias fontes, como o transporte, o armazenamento de resíduos domésticos, etc.

2.3.2.1. Comércio

O comércio é uma atividade económica fundamental na comuna de Porto-Novo. Emprega 47,28% da população e abrange uma vasta gama de produtos. Trata-se de hidrocarbonetos, produtos manufacturados, produtos farmacêuticos, materiais de construção, produtos alimentares, bebidas, cosméticos, produtos agrícolas, produtos pecuários, etc. Estes produtos provêm da Nigéria, de Cotonou (através do porto) e das zonas rurais de Porto-Novo. Esta atividade é exercida principalmente por mulheres.

O comércio desempenha um papel fundamental na economia local de Adjarra. Mobiliza 47,61% da população e envolve uma variedade de produtos. Estes incluem hidrocarbonetos e produtos manufacturados, principalmente da Nigéria, produtos agrícolas, gado, artesanato, transformação e produtos farmacêuticos. A maior parte desta atividade é realizada por mulheres, que se dedicam ativamente ao pequeno comércio. No entanto, é de notar que a comuna alberga igualmente um certo número de grandes comerciantes reconhecidos a nível nacional.

Na comuna de Avrankou, o comércio é uma atividade popular devido à sua proximidade com a Nigéria. Les produits commerisës peuvent être regroupës en trois calëdoпeз qui sont les produits pëtroliers, les produits manufactures, les produits de transformation locale. Estes produtos estão expostos ao longo das principais artérias da Comuna.

Em Sëmë-Kpodji, o sector do comércio não está muito desenvolvido, mas é suficientemente diversificado. É principalmente informal e realizado por pequenos comerciantes de baixo rendimento envolvidos na venda por grosso e especialmente a retalho de produtos colhidos (cana-de-açúcar, coco, batata-doce, mandioca, milho, arroz, etc.), produtos transformados ("sodabi" ou 'vinho') e géneros alimentícios.), produtos transformados ("sodabi" ou vinho de palma, "gari" ou farinha de mandioca, etc.) e manufacturas (bebidas, materiais de construção, géneros alimentícios, etc.), produtos petrolíferos (gasolina, gasóleo, pëкoк, óleo de motor) e produtos farmacêuticos provenientes fraudulentamente da Nigéria.

2.3.2.2. Infra-estruturas comerciais

Porto-Novo tem onze (11) mercados, dois (2) dos quais de importância capital foram recentemente rënoyëз. Estes são o mercado central de Porto-Novo e o de Ouando. O mercado alimentar de

Ouando, a cinco кПотёксв do centro da cidade, afirma-se cada vez mais como o mais importante centro comercial de carácter regional de Porto-Novo. Quanto ao mercado central de Porto-Novo, para além dos produtos alimentares, é mais especializado em produtos manufacturados (conservas, tecidos, bebidas, etc.).

As instalações comerciais da comuna de Akpro-Missërëtë são fracas. Baseia-se na existência de algumas lojas, armazéns e barracões construídos em três etapas funcionais, duas das quais são diárias. Estes barracões são feitos tanto de materiais duráveis como precários. A maioria destes mercados não são amënagës. Há, no entanto, várias marchas que ganham vida todas as noites.

Na comuna de Avrankou, cada bairro tem pelo menos dois mercados, incluindo um mercado noturno. Os principais mercados da comuna são os mercados de Avrankou e de Kouti. Estes mercados não são construídos com materiais duráveis e as estradas de acesso não foram melhoradas. A comuna dispõe igualmente de um certo número de lojas de ferragens e de artigos diversos. Estas lojas estão situadas ao longo da estrada de asfalto e à volta dos degraus principais.

A infraestrutura comercial da comuna de Adjarra é fraca. Baseia-se na existência de algumas lojas, armazéns e barracões construídos nas marchas de Gbangni, Kpetou e Alladako (marclie não funcional). Estes barracões são construídos com materiais duráveis e precários.

2.3.2.3.   Infra-estruturas de transporte

A Comuna de Porto-Novo regula o transporte de mercadorias e de pessoas dentro da sua jurisdição territorial. A análise das vias urbanas, dos tipos de transporte e dos equipamentos de transporte permite uma melhor compreensão deste sector na cidade de Porto-Novo.

Existem vários tipos de vias urbanas em Porto-Novo: estradas pavimentadas, estradas de asfalto e estradas de terra. De referir ainda a linha férrea que atravessa a cidade, mas que já não se encontra em serviço. Nos últimos anos, várias estradas foram melhoradas (pavimentadas ou alcatroadas), nomeadamente nos bairros centrais. Todas estas estradas estão distribuídas de acordo com a sua importância.

As mercadorias e as pessoas são transportadas em Porto-Novo por moto-táxis, veículos individuais e motociclos, a pé para o transporte urbano e por yëЬкикз de todos os tipos para o transporte interurbano. O moto-táxi, vulgarmente designado por "zëmidjan", é o transporte urbano mais difundido. Os dados sobre o número de zëmidjans, táxis e outros meios de transporte são muito pouco conhecidos e é importante realizar estudos para o conhecimento da situação de dëpart.

No entanto, é reconhecido coletivamente que a cidade de Porto-Novo tem mais de 2.500 zëmidjans (moto-táxis), que asseguram entre 30 e 40% dos transportes urbanos. Os outros meios de transporte são as motas e os automóveis particulares. Os táxis e os mini-autocarros para o transporte dentro da cidade desapareceram desde o aparecimento e o desenvolvimento dos moto-táxis (zemidpins), mais adaptados às ruas com um elevado grau de inclinação. A utilização de pirogas é igualmente notória nos arrondissements 1 e 3. As bicicletas e os riquexós são frequentemente utilizados para o transporte de certos tipos de mercadorias. O transporte para as cidades vizinhas é assegurado por carros ligeiros (5 a 6 lugares) e autocarros e miniautocarros.

Os equipamentos de transporte são os auto-gares, e os embarcadëres. A cidade de Porto-Novo tem várias estações oficiais e espontaiees. As estações oficiais mais importantes são:

*   [2]Estação de OUANDO com 830 m ;
*   [2]Estação de Dangbëklounon com 5.000 m ;
*   [2]Estação de Adjarra-docodji com 2.500 m ;
*   A estação Saint Pierre et Paul foi oficialmente encerrada recentemente;
*   gare du Pont que dará lugar ao siëge de 1 Assembke Nationale.

Cada estação rodoviária é gerida no âmbito de uma cogestão com a cidade, cujo objetivo é envolver o sindicato na gestão dos transportes públicos e organizar uma melhor coordenação dos transportes públicos. O papel dos comités das estações rodoviárias consiste em cobrar as taxas de carregamento e assegurar a ordem e a limpeza das estações rodoviárias.

Existem quatro (04) áreas de estacionamento para autocarros e miniautocarros em Saint Pierre et

Paul, Agbokou, Dëguëgan e Djassin. Além disso, existem parques de estacionamento espontâneos, incluindo dois (02) em Katchi e em torno de Ouando. Apesar do declínio do transporte fluvial, existem três (03) embarcadëres nos arrondissements 1 e 3.

Além disso, vários pares de moto-táxi e guardas yëlo são сотр!ёз na cidade. Os pares moto-táxi estão muito mal organizados, dada a forte тоЫШё dos zëmidjans. O sector dos transportes na cidade de Porto-Novo é gerido por várias organizações e sindicatos em colaboração com a Câmara Municipal.

Os transportadores interurbanos e os zëmidjans estão organizados em vários sindicatos representados na cidade de Porto-Novo.

As acções para melhorar as estradas urbanas dizem respeito principalmente às estradas nacionais. Além disso, as várias propostas insistem na construção de certas estações de comboio. Il est ëgalement nécessaire de reorganiser le secteur et mettre en place un systëme de controle pour mieux connaitre la situation de diflerents acteurs du secteur ainsi que l^l élaboration d^a politique de gestion des transports urbains.

Os transportes na comuna de Akpro-Missërëtë assentam essencialmente em vias de comunicação terrestre que servem de suporte a meios de transporte que facilitam a deslocação de bens e pessoas. A Comuna de Akpro-Missërëtë é servida por 26 km de estradas nacionais e interestaduais. O acesso à capital é facilitado por uma estrada alcatroada em bom estado. O transporte rodoviário é fornecido por vários meios: bicicletas, motos, carros, autocarros e camiões. O modo de transporte rodoviário mais comum na Comuna baseia-se na utilização de motociclos, devido ao fenómeno dos moto-táxis ou "Zemidjan", de que Adjarra é o berço. Os mototaxistas constituem um verdadeiro corpo profissional com uma associação comunal.

A Comuna dispõe de uma estrada interestadual asfaltada, ao longo da qual ganham vida as marchas përiódicas, e de uma estação ferroviária гоиРёге situada na cidade principal. Além disso, o mau estado das estradas de acesso às localidades da Comuna dificulta o desenvolvimento do comércio. Neste contexto, o transporte dos produtos agrícolas para os centros de consumo continua a ser um sério obstáculo à melhoria das condições de vida das comunidades rurais. Malgre l'importance relative des ëchanges mencs aux marches, les activites commerciales a Акрго-М1еeёгёlё sont dominoes par le trafic avec le Nigëria.

A comuna de Avrankou tem 8,46 quilómetros de estradas ЫШтёез e 66,44 quilómetros de estradas secundárias e trilhos que podem ser usados às vezes para alcançar аддlотёгайоп8 e degraus. Existem várias rotas de acesso navegáveis na Comuna. Estes incluem os seguintes trongons: Houssoutokpa-Adjarra ; Atchoukpa tokpa-Djomon ; Gbokouso tokpa-Akpro Misserete ; Danmë kpossou tokpa- Akpro Misserete ; Wamon tokpa-Adjarra ; Sado tokpa-Djëgou ; Sado tokpa-N^ria ; Agoumanya- Kokoumonlou ; Sogbo-Ko Anangodo ; Adogba-Koadogba ; Tokpa agua-Atchoukpa. Os cursos de água são navegados por piroga. Os táxis Motos appeks Zëmidjan asseguram 80% dos transportes, mas este sector é ainda informal.

Na Comuna de Sëmë-Kpodji, a тоЫШё de homens e mercadorias é assegurada graças a uma rede rodoviária de 395,79 km de comprimento, segundo a Câmara Municipal na sua obra intitulada A la dëcouverte de la Commune de Sëmë-Podji 2 e composta por uma autoestrada. A Autoroute Inter Etat, com 24 km de extensão, é composta por estradas principais permanentes (20 estradas principais que cobrem 85 km, incluindo 9 km de ЫШтёз), estradas secundárias permanentes (11 estradas principais que cobrem 29 km) e várias estradas e caminhos sazonais. Os meios utilizados na comuna para a deslocação são principalmente táxis yёЫеикв e mototáxis, autocarros, sobretudo em trânsito, camiões. Há também carros, motos e bicicletas para os preços. Nas vias navegáveis são pirogas, barcos que são usedёes.

Os transportes assentam essencialmente em duas vias de comunicação dedicadas à circulação de bens e pessoas na Comuna de Adjarra. São elas a via lagunar e a via rodoviária. O transporte rodoviário é assegurado por vários meios: bicicletas, motociclos, automóveis, autocarros e camiões. O modo de transporte rodoviário mais comum na Comuna baseia-se na utilização de motociclos, devido ao fenómeno dos mototáxis ou "Zemidjan", de que Adjarra é o berço. Os mototaxistas constituem um verdadeiro corpo profissional com uma associação comunal.

O transporte lagunar é essencial para a economia local de Adjarra. É praticado ao nível das massas de água dotadas de embarcadëres. É através deste canal que um grande número de hidrocarbonetos e produtos manufacturados transitam da Nigéria para a Comuna de Adjarra. Os meios utilizados para este tipo de transporte são as canoas escavadas e os batelões motorizados, que ficam estacionados nos embarcadëres não-amënagës.

Não existe um mercado central na comuna, o que obriga as mulheres a deslocarem-se aos centros comerciais de Porto Novo e de Cotonou. O transporte fluvial está muito desenvolvido nas nossas vias navegáveis, com barcos a motor, barcos à vela e barcos a remos.

Para além das vias navegáveis abertas durante todo o ano e dos diques imersíveis utilizados como pistas (Hozin-Bembe 1, Hozin-Akpadon, Agbodjedo-Mami), estão previstas outras aberturas de pistas:

- Akpadon-Akodji 6 km ;
- Agbodjedo -Akodji 3 km ;
- Anivieko-Vedo Ketonou 3 km.

O desenvolvimento destas vias, cujos pedidos estão atualmente a ser estudados pelo projeto de apoio ao desenvolvimento rural (PADRO), resolverá os numerosos problemas de transporte e aumentará a exploração do potencial económico e turístico (facilidade de comercialização do peixe e dos produtos agrícolas, areia fluvial, desenvolvimento turístico). Outras vias fluviais precisam de ser reabilitadas: Dëkanmëdo-Togodo- Domë; Donoukpado-Djassinzoun e Avagbodji-Hondji. Existem vários constrangimentos ao transporte: o enchimento das massas de água por jacintos e a instalação anárquica de artes de pesca dificultam a navegação.

2.3.2.4. Agricultura

Com as novas divisões administrativas resultantes da descentralização, o Porto-Novo rural deixou de existir. As actividades de produção vegetal em Porto-Novo apresentam cada vez mais as caraterísticas da agricultura urbana, que necessita de um apoio técnico substancial para o seu desenvolvimento.

De facto, a produção agrícola em Porto-Novo limita-se a i) horticultura e piscicultura em zonas lagunares ou de planície, ii) culturas temporárias em vãos de estrada não melhorados e em parcelas não urbanizadas, iii) produção animal e iv) actividades de transformação.

A agricultura familiar é a atividade mais importante praticada pela população da comuna de Akpro-Missërëtë. As terras agrícolas cobrem uma área de 6.085 ha, ou 52,45% da área total da comuna. Os campos não são muito férteis (PDC, 2015).

Em Avrankou, a agricultura é a atividade mais importante praticada pela população local. As terras agrícolas ocupam uma superfície de 6 305 ha, ou seja, 54,12% da superfície total da comuna. As terras não são muito férteis. A agricultura é praticada por cerca de 60% da população (PDC, 2015).

No domínio da agricultura, as principais culturas agrícolas зpë^!^ na comuna de Sëmë-Kpodji são as culturas alimentares (mandioca, mai's, batata-doce, arroz, niëbë e amendoim), as culturas de horta (tomate, malagueta, quiabo, legumes) e as culturas de rendimento (cana-de-açúcar, coqueiros). A silvicultura não está muito desenvolvida na Comuna, mas o arrondissement de Екpë tem duas florestas classificadas. Uma das riquezas da Comuna reside nas plantações comunitárias. De facto, o terroir de Sëmë-Podji tem vários hectares de plantações de mangais, cocos e palmeiras de óleo. Estas plantações encontram-se principalmente nos arrondissements de Podji, Agblangandan e Екpë. Além disso, a indústria na comuna ainda está muito pouco desenvolvida e é matërializadaëe pela presença de alguns ипкëз.

Na comuna de Aguegues, a produção agrícola provém da agricultura de sequeiro, nomeadamente no bairro de Avagbodji. Nos outros dois arrondissements, as terras de cultivo e as terras baixas são igualmente utilizadas para este fim. As principais culturas são o milho, as culturas irnirais (nomeadamente o tomate e a malagueta), a mandioca e a batata doce. A figura 14 mostra a utilização das terras na comuna de Porto Novo.

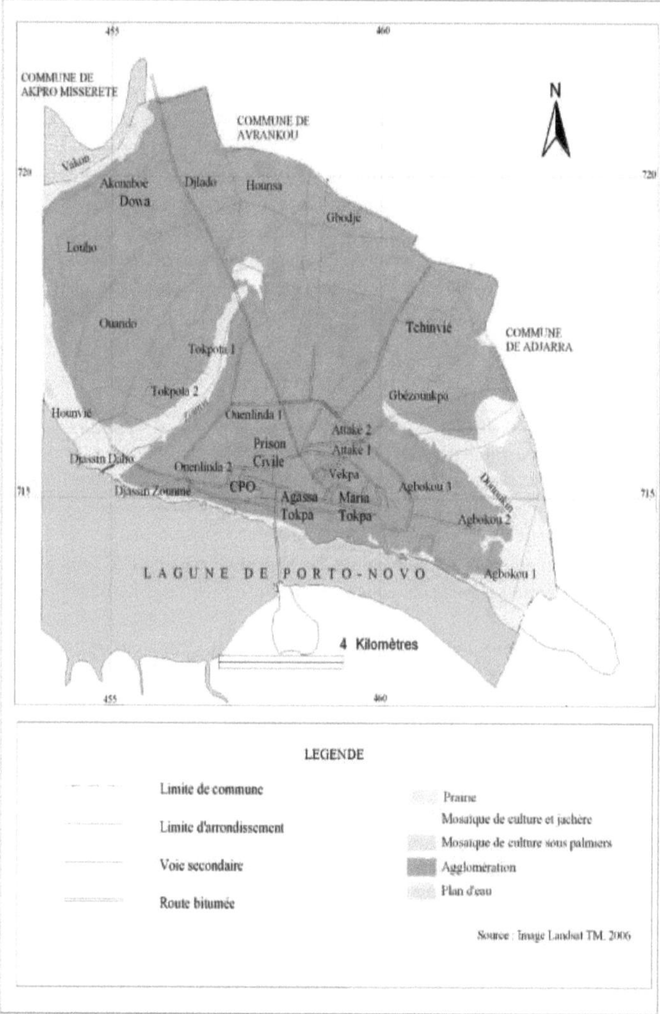

Figura 15: Utilização do solo na cidade de Porto-Novo

A análise desta figura mostra que os prados a noroeste e a sudeste, os mosaicos de culturas e de pousios no centro e em Test e os mosaicos de culturas sob palmeiras em Test deram lugar a aglomerados. O coberto vegetal sofreu uma degradação sem paralelo e sem precedentes.

não sem conзёдиепсез no 1 ambiente e nas populações. O calor torna-se cada vez mais intenso, surgem doenças.

Conclusão parcial

O concelho de Porto-Novo e os seus arredores oferecem um ambiente físico mais ou menos favorável à fixação humana e ao desenvolvimento de importantes actividades socioeconómicas por parte da população. A evolução e a organização administrativa destes municípios ajudam-nos a compreender as ambições e a determinação dos seus habitantes e das autoridades em promover o desenvolvimento de base. A topografia suave e o clima subquatorial proporcionam aos vëgëtaux as condições ëdaphical que necessitam para se desenvolverem. No entanto, os factores sociodemográficos e a expansão urbana têm um impacto negativo sobre estes activos, enfraquecendo-os e colocando as árvores urbanas num estado de resiliência permanente. Todos estes factores influenciam a formação e a intensidade da UHI na área de estudo. Por conseguinte, é necessária uma abordagem metodológica para analisar os resultados deste estudo.

CAPÍTULO III: ABORDAGEM METODOLÓGICA

Este capítulo apresenta uma panorâmica da investigação documental, das técnicas de inquérito no terreno e dos métodos de tratamento de dados. Após a apresentação destas etapas selectivas, é proposta uma metodologia para cada objetivo específico.

3.1- Investigação documental

Esta fase permitiu efetuar uma revisão da literatura existente. O Elie esteve em movimento durante todo o período de recolha e tratamento de dados. Para o efeito, foram visitados vários centros de documentação, o que permitiu uma melhor compreensão dos conceitos e temas relacionados com o assunto. Os centros em causa foram os das seguintes organizações:

- o Ministério do Ambiente e da Proteção da Natureza (MEPN);
- l'Agence Bdninoise pour l'Environnement (ABE)
- 1 Instituto Nacional de Estatística e de Análise Económica (INSAE) ;
- Direção de Gestão do Território (DAT) ;
- Sociedade de Estudos Regionais do Habitat e da Gestão Urbana (SERHAU)
- 1 Instituto Nacional de Investigação Agrícola do Reino Unido (INRAB) ;
- l'Institut Gdographique National (IGN) França,
- CENATEL;
- o Centro de Informação e Documentação sobre 1 Ambiente (CIDE),
- o Centro Nacional Agro-Pedagógico (CENAP).

A Internet foi igualmente utilizada como base para esta investigação. A natureza dos documentos consultados e os tipos de informação recolhidos nos diferentes centros de documentação visitados são resumidos no quadro I.

Quadro 1: Natureza dos documentos consultados e tipos de informações recolhidas nos diferentes centros de documentação

Centro de documentação	Tipos de informações recolhidas	Tipo de documentos utilizados
Agência Beninoisefor l'Environnement (ABE)	Informações gerais sobre questões ambientais	Livros, relatórios de estudos, artigos.
Agência Francesa para a Segurança da Aviação (ASECNA)	Estatísticas sobre a precipitação local, temperaturas, humidade relativa e insolação.	Dados climáticos: estatísticas sobre precipitação, temperaturas, humidade relativa, insolação^.
Sociedade d'Etude Regionale d'Habitat et d'Amenagement Urbain : Societe Anonyme (SERHAU : SA)	Estatísticas sobre a revolução demográfica, informações sobre 1 utilização do solo...	Livros, memórias, artigos, obras gerais e específicas, relatórios, teses, mapas, mapas urbanísticos
Ministério do Ambiente, da Habitação e do Ordenamento do Território (MEHU)	Informações sobre a gestão do ambiente urbano, o papel dos espaços verdes, o plano de ação...	Relatórios, livros, memórias, críticas, obras gerais e específicas...
Instituto Nacional de Investigação Agrícola do Benim (INRAB)	Informações sobre a estimativa do carbono armazenado na biomassa aérea, o papel dos espaços verdes	Relatórios de estudos, artigos, livros, revistas
Direção Departamental da Habitação e do Urbanismo (DDHU)	Informações sobre o projeto Eixos Verdes, o plano diretor de Porto-Novo.	Relatórios de estudos e artigos.
Instituto Francês	Informações sobre espaços verdes, silvicultura urbana, UHI, alterações climáticas, edifícios e definições	Livros, relatórios, memórias, críticas, obras gerais e específicas
Instituto Nacional de Estatística e de Análise Económica Económica (INSAE)	Estatísticas e divisões administrativas.	Relatórios sobre o RGPH2, RGPH3 e resultados provisórios do RGPH4 (2012)
Sala de documentação FLASH	Procedimento de redação do	Artigos, memórias, livros,

	memorando. Informações diversas.	relatórios, teses
Laboratório de Botânica e de Peritagem Ambiental (d'la FLASH)	Informações sobre a utilização do solo, cartografia, espaços verdes e densidade de construção.	Memórias.
Urbano Urbano Descentralizada (PGUD-2)	Informações sobre projectos instalações urbanas.	Relatórios e análises.
Direção de Serviços Técnicos de Porto-Novo (DST).	Informações sobre a gestão urbana da cidade (espaços verdes, tipos de construção, etc.).	Relatórios, documentos de concurso (DAO).
CENATEL	Informações sobre o estudo mapeamento, análise espácio-temporal, densidade de edifícios, identificação de UHIs,	Imagens de satélite (Landsat MMS, TM, ETM+, spot XS), mapas (mapas de utilização dos solos, mapas térmicos, mapas de vegetação, etc.)
Instituto Geográfico Nacional (IGN),	Informações sobre o estudo cartografia, análise espácio-temporal, estado de utilização do solo e densidade de construção.	Imagens de satélite (Landsat MMS, TM, ETM+, Spot XS), mapas (mapas de utilização dos solos, mapas térmicos, mapas de vegetação, etc.)
Centro de Informação e Documentação sobre 1 Ambiente (CIDE),	Informações gerais sobre questões ambientais.	Livros, relatórios de estudos, artigos.
Centro Nacional de Agro-Pedologia (CENAP).	Informações sobre a utilização dos solos e a densidade de construção.	Relatórios e análises.

Fonte: Enquetes fěvrier 2014-juillet 2020

3.2- Trabalhos de campo e de laboratório

O trabalho de campo realizado neste estudo permitiu recolher os vários dados utilizando instrumentos e matěriais bem apropriados.

3.2.1. Instrumentos e equipamentos de recolha

Para realizar corretamente a investigação, são utilizados determinados instrumentos e matěriels. Estes incluem :

Através de um questionário e de um guião de entrevista, foram recolhidas as opiniões e percepções da população e dos vários grupos socioprofissionais sobre o calor e os diferentes tipos de materiais de construção utilizados na cidade de Porto-Novo e na zona envolvente;

Câmara digital Sony Cyber-shot (10,2 Mdga pixel) para captar imagens no terreno;

quatro (04) medidores de temperatura ambiente e de superfície por infravermelhos sem fios SETON e ANSELF com sondas unitárias °C/°F;

GPS (Global Positioning System) com boa precisão planimétrica, que é um dispositivo de navegação utilizado para captar, localizar ou registar coordenadas geo-referenciadas. Assim, forneceu informações geo-referenciadas em tempo real e serviu de guia de navegação. Foi também utilizado para identificar ou enumerar pontos de controlo uniformemente distribuídos pela área a controlar (controlo ou verificação no terreno) para validação do mapa;

um computador; um computador portátil;

uma mota e um veículo para o trabalho no terreno;

A base topográfica IGN/CENATEL 1/200.000s mostra a rede rodoviária, os cursos de água e algumas aldeias da zona de estudo;

uma imagem do Google Earth de 2013 para produzir os mapas de utilização dos solos;

Imagens de satélite do Google Earth Pro para digitalizar e caraterizar edifícios;

Imagens de satélite fornecidas pela IGN France com uma dimensão 2D a 30 cm acima do nível do solo e uma dimensão 3D a 5 cm acima do nível do solo para digitalização e caraterização dos edifícios;

Série de imagens MODIS de 500m-1Km sobre a temperatura da superfície terrestre (LST) de 2000 a 2015.

uma carta topográfica de Porto-Novo e arredores (escala 1:50.000) sobre a qual foram posicionados os diferentes elementos (espaços verdes, edifícios e as diferentes fases ou transformações observadas);

a cidade de Porto-Novo e os seus sesenvirons , риЬИë en2007 parIGN qui a servido

durante o trabalho de campo ;

média e alta resolução alta resolução resolução espacial. imagens. Landsat (TM, MSS, ETM) resolução 30 m (1972, 1992 e 2012) e imagens QuickBird, 2007, resolução espacial 0,60 m que têm etc utilisëes para ëкЬогег mapas de cobertura do solo ;

um mapa da cidade de Porto-Novo e arredores, риЬИë em 2007 pelo IGN, que foi utilizado durante o trabalho de campo;

fotografias aërienne para a fotointerpretação do mapa do edifício;

um mapa de vegetação em formato raster ou vetorial e uma camada exaustiva de edifícios extraídos de fotografias aéreas;

O trabalho de campo incidiu sobre :

- Observação (tipos de construção, tipos de materiais utilizados, utilização do solo, etc.) ;
- recolha de dados geográficos dos diferentes sítios;
- 1 entrevista direta e 1 aplicação de questionários para a recolha de dados

sociodëmográfico ;

- efetuar medições de temperatura.

A terceira fase baseou-se em entrevistas individuais e colectivas. Estas consistiram em discussões com os actores responsáveis pela gestão urbana, nomeadamente as autoridades políticas e administrativas, as pessoas com recursos e os urbanistas, utilizando um guia de entrevista especialmente concebido para o efeito.

As populações urbanas também foram questionadas sobre as manifestações de IUH em relação às mudanças no seu ambiente. Para o efeito, foi elaborado e aplicado um questionário à população. As comunas de Porto-Novo, Adjarra, Avrankou, Акрго-М188ёrёlё, Sëmë-Podji e Aguegues foram etc. investigadas como parte deste ëtude.

Para se ter uma ideia do número de pessoas a inquirir, foi utilizada a seguinte metodologia, que foi aplicada em todas estas comunas.

3.2.2 Amostragem para o município de Porto-Novo e arredores ◆ Metodologia de amostragem: amostragem aleatória estratificada

1 ^{ere} etapa: determinar a dimensão da amostra global

A dimensão global da amostra é obtida através da aplicação da fórmula de Dagnelie (1988):

$$n = U_{1-\alpha/2}^2 \frac{p(1-p)}{D^2},$$

$$U_{1-\alpha/2} \approx U_{1-\alpha/2}^2 \approx 4 \; ;$$

com 1,96 e, portanto, P =proporção de pessoas que sentem o calor mais intensamente em Porto-Novo e que pensam que isso se deve à elevada densidade de construção. Esta proporção é obtida através da realização de um pequeno inquérito preliminar a 150 adultos, com a seguinte pergunta: "Sente cada vez mais calor devido à proximidade das casas? Se к pessoas responderam afirmativamente, então a proporção p é k/150. Assim, 105 pessoas responderam afirmativamente dos 150 inquiridos, pelo que к = 105 e p = 0,7.

D = margem de erro: varia entre 0,01 e 0,15; foi escolhido um valor dentro deste intervalo, sabendo que quanto mais baixo for o valor, mais exato será o estudo, mas maior será o número de pessoas a inquirir. Assim, considerando uma margem de erro D = 0,08, obtém-se n = 131

^{eme}2 etapa: Distribuição do número (n) de pessoas entrevistadas nos bairros selecionados

Uma vez calculado o número "n", foram selecionados os bairros inquiridos. Neste caso, foram selecionados 2 bairros: um com uma grande população (alta densidade de construção) e outro com uma pequena população (baixa densidade de construção).

Na comuna de Porto-Novo, o bairro com menor população é o bairro 1 com 33161 habitantes; e o bairro com maior população é o bairro 5 com 81747 habitantes de acordo com o RGPH4 (INSAE, 2013); assumindo que o crescimento populacional é o mesmo nos diferentes bairros da cidade entre 2002 e 2013;

Seja Ag o grande distrito com uma população de Ng e Ap o pequeno distrito com uma população de Np. Calculamos então o peso relativo destes bairros. Para o 1'Arrondissement Ag, o peso relativo é de 100*Ng/(Ng+Np), pelo que Ag = 71,14%.

Para o distrito Ap, o peso relativo é: 100*Np/(Np+Ng) dando Ap = 28,86%.

^{ere}Após o cálculo do peso relativo de cada bairro, os "n" indivíduos calculados em 1 pela fórmula de Dagnelie foram repartidos entre estes dois bairros da seguinte forma

Distrito Ag: n*N1/(N1+N2) (multiplicação do peso relativo do distrito Ag pelo número de pessoas a inquirir n). Seja ng o número de indivíduos a entrevistar no distrito Ag. Feito ng = 93

Distrito Ap: n*N2/(N1+N2) (multiplicação do peso relativo do distrito A2 pelo número de pessoas a inquirir n). Seja np o número de indivíduos inquiridos^ no distrito Ap. feito np = 38 = np.

^{eme}3 fase: Afetação dos entrevistados de cada arrondissement aos bairros da cidade

A este nível, foram escolhidos aleatoriamente 3 ou 4 bairros. Cada bairro foi codificado e depois marcado em pedaços de papel que foram sorteados aleatoriamente. Em seguida, considerou-se o número de pessoas da amostra a inquirir em cada um dos bairros selecionados.

Para saber o número de pessoas a entrevistar em cada distrito da cidade de Ag, calculamos o peso relativo de cada distrito da cidade utilizando a metodologia adoptada pela Equipa 2 e multiplicamos o número de pessoas a entrevistar neste distrito pelo peso relativo de cada distrito da cidade. Obtém-se assim o número de pessoas a inquirir em cada distrito da cidade.

- Para o arrondissement de Ag, foram selecionados aleatoriamente os seguintes bairros:
- Distrito 1 (Akonaboe) ==== 6 877 hbts
- distrito 2 (Houinvie) ====== 2 353 hbts
- Distrito 3 (Tokpota I) ======== 14 543 hbts
- Distrito 4 (Dowa) ========== 26 436 hbts

Foi calculado o peso relativo destes diferentes distritos. Utilizando a metodologia adoptada pela Equipa 2, temos :

Q1: para o bairro 1, Q2 para o bairro 2, Q3 para o bairro 3 e Q4 para o bairro 4.

100*Q1/(Q1+Q2+Q3+Q4)

O peso relativo de Q1= 13,7%; Q2= 4,69%; Q3= 28,96%; Q4= 52,65%.

Vamos agora calcular o número de pessoas a inquirir em cada um destes bairros. Seja Nq o número de pessoas a inquirir no bairro 1, Nq2 no bairro 2, Nq3 no bairro 3 e Nq4 no bairro 4.

Temos : Nq1= (Q1*ng)/(Q1+Q2+Q3+Q4)= 13; Nq2= 4; Nq3= 27; Nq4= 49

- Para o distrito Ap, foram selecionados aleatoriamente os seguintes bairros:
- distrito 1 (Gbekon) ==== 3,843 hbts
- distrito 2 (Lokossa) ======= 775 hbts
- Distrito 3 (Accron Gogankome) ===== 2 243 hbts
- distrito 4 (Ganto) ========== 587 hbts

O peso relativo de cada distrito é o seguinte: Q1= 51,60%; Q2= 10,41%; Q3= 30,11%; Q4= 7,88%.

Por último, calcula-se o número de pessoas a entrevistar em cada um destes bairros. Seja Nq o

número de pessoas a entrevistar no bairro 1, Nq2 no bairro 2, Nq3 no bairro 3 e Nq4 no bairro 4.
Temos : Nq1= (Q1*ng)/(Q1+Q2+Q3+Q4)= 20; Nq2= 4; Nq3= 11; Nq4= 3
NB: A mesma abordagem foi utilizada para as outras 5 comunas. O quadro seguinte mostra o número de pessoas envolvidas nos diferentes bairros e distritos da cidade.

Quadro 2: Número de pessoas envolvidas nos diferentes bairros e distritos da cidade.

Comunas	dimensão global da amostra	Grande Arrondissement (Ag)	Pequeno Bairro _lAp)	Discriminação das pessoas a inquirir em cada distrito	
				Ag	Ap
Porto-Novo	n = 131	l'arrondissement 5 awe 81747 habitantes ng = 93	o distrito 1 com 33161 habitantes np = 38	Nql= (Ql*ng)/(Q1+Q2+Q3+Q4)= 13; Nq2= 4; Nq3= 27;Nq4=49	Nql= (Ql'ng)/(Q1+Q2+Q3+Q4)= 20; Nq2= 4; Nq3= 11; Nq4=3
Adjarra	n = 146	l'arrondissement3 (MALANHOUI) 2.072 habitantes ng = 95	l'arrondissement I(AGLOGBE) 11850habitantes np = 51	Nql= (Ql*ng)/(Q1+Q2+Q3+Q4) = 26;Nq2=15;Nq3= 23;Nq4=31	Nql= (Ql'ng)/(Q1+Q2+Q3+Q4) = 10; Nq2=21; Nq3= 11; Nq4= 9
Avrankou	n = 142	Distrito 1 (ATCHOUKPA) com 35232 habitantes ng=118	Distrito 6(SADO)com 7277 habitantes np = 24	Nql= (Ql*ng)/(Q1+Q2+Q3+Q4) = 18; Nq2= 30; Nq3= 47;Nq4=23	Nql= (Ql'ng)/(Q1+Q2+Q3+Q4) = 6; Nq2=7; Nq3=5; Nq4=6
Akpro-Misserete	n= 147	Distrito 5 (Akpro-Misserete) com 41657 habitantes ng=III	Distrito 4 (Zoungbome) com 13.581 habitantes np = 36.	Nql= (Ql*ng)/(Q1+Q2+Q3+Q4) = 36; Nq2= 18; Nq3= 29;Nq4=28	Nql= (Ql'ng)/(Q1+Q2+Q3+Q4) = 8; Nq2= 13 ; Nq3=7 ; Nq4= 8
Seme-Podji	n= 149	Distrito 4 (Ekpe) com 75313 habitantes ng =127	Distrito 2 (Aholouyeme) com 13218 habitantes np = 22.	Nql= (Ql*ng)/(Q1+Q2+Q3+Q4) = 27; Nq2= 49; Nq3= 27;Nq4=24	Nql= (Ql'ng)/(Q1+Q2+Q3+Q4) = 6; Nq2=3 ; Nq3= 10 ; Nq4= 3
Aguegues	n= 155	Distrito 3 (Ekpe) com 17445 habitantes ng = 91	distrito I (Avagbodji) com 12335 habitantes np = 64	Nql= (Ql*ng)/(QHQ2+Q3+a4) = 24; Nq2= 21; Nq3= 23;Nq4=23	Nql= (Ql'ng)/(01+02+03+04) = 23; Nq2=16; Nq3=10; Nq4= 15

Fonte: Dados do trabalho de campo, Fëvrier - mars 2017

Um total de 870 pessoas ëEë enquëtëes no ambiente de investigação.

3.3. Tratamento e análise dos dados

Os dados foram processados de várias formas. Estes incluíram o processamento cartográfico e estatístico, a análise de dados socioeconómicos e dados GPS. Para o tratamento dos dados foram utilizados os seguintes softwares e aplicações.

o **Desoftware de processamento de imagens, GIS (Geographic Informação**

Foram utilizados **softwares de análise geográfica e estatística** para processar os vários dados espaciais. Estes pacotes de software foram utilizados para caraterizar a estrutura do habitat, para combinar as várias camadas de dados e para cartografar os resultados.

ERDAS Imagine 2011 versão 11.0.2, um software de processamento de imagens digitais da Leica Geosystems Geospatial Imaging. Este software foi utilizado neste trabalho para correcções radiométricas e geométricas, montagem de bandas, mosaicagem, descolagem da nossa área de estudo, classificação supervisionada de imagens de satélite e avaliação da classificação.

O ArcGIS versão 10.1, um software SIG da ESRI (Environmental Systems Research Institute), foi desenvolvido para facilitar a gestão e a análise de dados espaciais com o objetivo de dar resposta a um determinado problema. Este software foi utilizado neste trabalho para a criação, o tratamento e a edição de mapas, a deteção de alterações entre diferentes imagens de satélite e a análise de alguns dados estatísticos.

Moddle Cellular Automata (CA) - Markov no IDRISI que funciona com base em regiões de transição. É um pacote de software para a simulação numérica de unidades de uso do solo. Esta aplicação permitiu projetar a dinâmica da ocupação do solo até 2032;

Fonte do mapa para descarregar informações GPS ;

IfanView para extração e importação de imagens de mapas para inserção em texto

SphinxPlus4 .5.0.19 para criar e processar processamento formulários, depois

1 análise de dados.

SAS.Planet. Release.160707, cuja base de dados relativa a dados de edifícios foi utilizada. Este software foi também utilizado para marcar locais de interesse para mapeamento com o software ArcGIS 10.4.

o Software de análise estatística, importação e conversão de dados:

A folha de cálculo Excel foi utilizada para a representação gráfica das estatísticas extraídas dos resultados cartográficos, a conversão e importação dos dados para outros formatos compatíveis com outros programas informáticos, como a conversão dos dados GPS para o formato .xlsx;

SPSS: este software foi utilizado para a análise estatística dos dados;

R 2.14 para leitura de grandes ficheiros de dados e análises estatísticas

NcL para processamento de imagens MODIS e extração de mapas de calor;

Linux Ubutu 16: sistema operativo utilizado para o carregamento de imagens MODIS e para o processamento de imagens sob NCL.

A análise estatística (médias, erros estatísticos, comparações de médias) é efectuada utilizando os programas Excel, Epi DATA e Epi Info.

3.4- Métodos utilizados por objetivo específico

Os métodos e abordagens prësentëes nesta secção dizem respeito à dinâmica do uso do solo, ao local de construção, à variação da UHI em função do uso do solo, ao impacto da UHI no ambiente e às orientações para a regulação da UHI no ambiente de estudo.

3.4.1. Dinâmica do uso do solo em Port-Novo e na zona envolvente (OS1)

Este método constitui o objetivo 1 do presente estudo. Visou avaliar a evolução do uso do solo entre 1972, 1992 e 2012 na cidade de Porto-Novo e na sua área envolvente, o que permitiu propor um cenário futuro com vista à sua gestão sustentável. Por outras palavras, esta parte permitiu identificar as tendências de urbanização do espaço e a dinâmica da mineralização superficial.

O método de estudo baseia-se, por um lado, no processamento de imagens e no SIG, para a análise da dinâmica da ocupação do solo e, por outro lado, no modelo CA_Markov, para a previsão da ocupação do solo.

O resultado é uma série de mapas telimétricos produzidos por processamento de imagens, que revelam a dinâmica espácio-temporal do uso do solo.

Além disso, para realizar um estudo deste tipo, é importante utilizar dados quantitativos e qualitativos fiáveis. Nestas condições, as imagens de satélite e os sistemas de informação geográfica (SIG) são ideais para este estudo. De facto, as imagens de satélite, graças à sua visão sinóptica, permitem compreender e cartografar phënomënes dinâmicas como o uso do solo. Quanto ao SIG, permite organizar e estruturar melhor a informação. Com o objetivo de prever o uso do solo na área de investigação, é necessária a utilização de modëles. Nestas condições, modëles como o CA_Markov, Dinamica, CLUE-S e Land Change Modeler são ferramentas úteis para este estudo.

Em suma, este objetivo permitiu avaliar a dinâmica do uso do solo na nossa área de estudo, com vista a prever alterações futuras. Concretamente, pretendeu-se analisar a dinâmica espácio-temporal do uso do solo e as tendências evolutivas, para depois realizar simulações e projecções da futura revolução do uso do solo.

3.4.1.1. Cartografia diacrónica da utilização dos solos

- **Preparação de imagens e cartografia da utilização dos solos**

Esta componente permitiu traçar um retrato da situação atual das ocupações do solo, dos ambientes ьо13ё8 , do coberto vegetal em gёgёtal e do ambiente térmico na Comuna de Porto-Novo e arredores. Foram elaborados mapas de uso do solo (1972, 1992 e 2012) e mapas de densidade populacional com base em dados do INSAE (1979, 1992, 2002 e 2012). Para o efeito, foram utilizadas três (3) imagens de satélite dos satélites Landsat MSS (Multi Spectral Scanner), Landsat TM (Thematic Mapper) e Landsat ETM (Enhanced Thematic Mapper), datadas respetivamente de 1972, 1992 e 2012 ; com uma resolução espacial de 20 metros (tamanho do pixel), do mesmo nível 2B (corrigidos gёomёtricamente e rádio mёtricamente, colocados em projeção cartográfica, gёo rёfёrencёes), foram também utilizados para analisar a evolução diacrónica do tecido urbano. O cai'actere multidata das imagens de satélite permite ёvidence mudanças e dёterminar dinâmicas urbanas e рёни^в (Ding *et al.*, 2007; Hu e Lo, 2007; Chi *et al.*, 2007; Masek *et al.*, 2000).

Foram aplicados processos semelhantes a estas três imagens, a fim de extrair informações e produzir mapas diacrónicos para a avaliação dos padrões de utilização dos solos e das tendências demográficas. Este processamento inclui :

- l'extraction d'zones d'intёrёt: agglomёration urbaine, ^гати^^ё urbaine, ville intra-muros;
- supervisёe a classificação dos extractos correspondentes às áreas de intёrёt ;
- 1 extração de estatísticas de utilização do solo urbano ;
- reavaliação da área de implantação do edifício e da sua evolução espacial e temporal.

Foram identificados, classificados e cartografados dois tipos de utilização do solo urbano:

- O EDIFÍCIO ;
- o não-bati (chão nu, уёдёlайоп, água).

A Figura 14 mostra as diferentes classes de uso do solo.

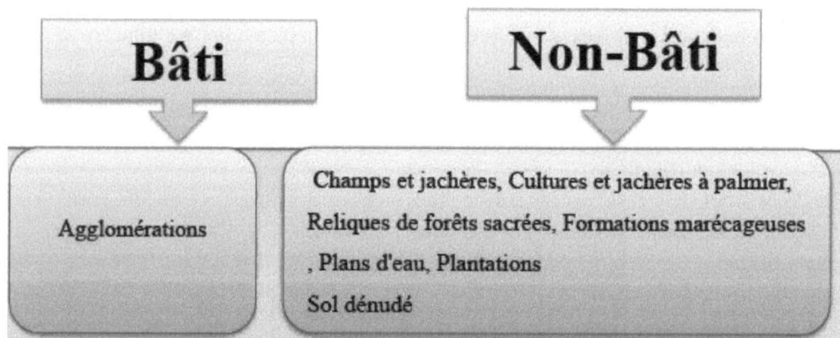

Figura 16: Diferentes classes de utilização do solo

A regra de exatidão da máxima verosimilhança foi utilizada para os tipos de classificação adoptados. Estas são repetidas várias vezes a fim de as melhorar e validar os resultados. As parcelas de treino foram modificadas durante as iterações, de modo a obter um limiar de satisfação suficiente (90% de classificações corretas e um coeficiente Kappa > 0,8). Outros métodos (limiarização, binarização, NDVI, Normalized Difference Vegetation Index) foram testados para apoiar e ajudar a interpretar e validar os resultados das classificações supervisionadas. As estatísticas derivadas das classificações foram utilizadas para descrever quantitativa e qualitativamente a expansão urbana a diferentes escalas de espaço (aglomeração urbana, comunidade urbana, cidade intra muros) e de tempo (entre 1972, 1992 e 2012).

Além disso, todas as imagens a utilizar cobrem o período da estação seca (sem nuvens), de modo a não comparar imagens de estações diferentes, o que poderia levar a resultados não comparáveis. De facto, a utilização de imagens adquiridas durante o përiode seelie permite ter imagens cuja nebulosidade é muito reduzida e assim limitar os enviesamentos atmosfëricos (Hountondji, 2008; *Oszwaldet et al.*, 2010). Estas difërentes imagens são convertidas e ëditëes no software ArcView GIS. De referir que o conhecimento do território, a ete a la base du choix d'interprétation des images. Do mesmo modo, as imagens de satélite foram registadas em vários comprimentos de onda (gama visível e não visível), o que permitiu obter informações precisas sobre as caraterísticas do terreno.

- **Deteção de alterações**

A dëtecção da mudança é a aplicação de técnicas cujo objetivo é repërer, pôr em evidência, quantificar para compreender a revolução temporal ou a mudança de etHs de um objeto ou de um phënomëne a partir de uma sërie de observações em difërentes instantes. Assim, para detetar alterações, podem ser consideradas três opções mëtodológicas principais: foto-interpretação, análise das contagens numéricas de pixéis (ttlgebre de imagens, análise estatística de composições multidatas) ou comparação pós-classificatória (Mas, 2000).

No entanto, dada a dimensão da área de estudo e a diversidade das alterações de uso do solo que se pretende observar, optou-se pelo método de comparação pós-classificatória (Inglada, 2001). Este mëtodo consiste na comparação de duas classificaç"es efectuadas indëpendentemente em imagens diferentes. A vantagem desta abordagem é a simplicidade da sua implementação. No entanto, a probabilidade de falsas alterações aumenta com o número de classes (Mas, 2000). Consequentemente, a sua diversidade foi reduzida ao mínimo.

Além disso, são combinados dois métodos de classificação assistida para classificar as imagens: o processamento clássico de máxima verosimilhança pixel a pixel e o processamento estrutural baseado na análise da vizinhança dos pixéis.

- **Classificação por máxima verosimilhança**

A classificação assistida ou supervisionada por máxima verosimilhança consiste em classificar os pixels de acordo com a sua semelhança com as contagens numëricas de objectos gëográficos de rëfërence previamente dëterminës em 1 imagem (parcelas de treino) e validës pelo campo reкуëз. O perfil numërico das parcelas de treino é então зиррозë representatif du profil numërique de l'ensemble de la classe sur 1 image. As parcelas de treino serão formadas sobre as zonas estáveis identificadas no final de 1 análise de componentes principais realizada sobre a subtração de imagens (Mas, 2000). Uma classificação preт!ëre em 30 classes foi assim construída de modo a obter classes radiometricamente muito homogéneas e parcialmente coerentes do ponto de vista tlienuitico. Estas 30 classes foram depois agrupadas em 8 classes tliemicas. Este agrupamento tem prт^!ë a precisão espacial das classes, enquanto ëlarga ao mesmo tempo o seu alcance sëmantico.

- **Classificação por análise estrutural**

O processamento estrutural a38181ë etc a appliqué sur les classifications a l'aide du logiciel ERDAS Imagine (Francoual, 1994). Esta ferramenta de processamento, precursora da oпепlëe análise de imagens de objectos (*Kressleret al.* 2003) e baseadaë na lógica fuzzy, é Иë ao conceito de unidade de paisagem (Girard, Girard, 1994). Uma unidade de paisagem é uma composição estável de caraterísticas da paisagem, como o uso do solo, a pëdologia e o relevo. O algoritmo de classificação implëmentë no OASIS classificou os ëlëments de uma imagem de acordo com a semelhança da sua vizinhança com иnкëз paysagëres de rëfërence. Cada unidade de paisagem de referência está assim associada a uma composição de elementos de paisagem na imagem. Esta composição tem dëterminëe diretamente pelo l'utilizador ou através do numërisation de kernels de treino na l'imagem. A composição de vizinhança dos ëlëments na imagem é então analisada através de uma janela deslizante que percorre a imagem e cujo tamanho é ajustado heuristicamente pelo utilizador. Na saída do processamento, cada elemento da imagem é classificado numa unidade de paisagem de rëfërence. Foi atribuída a cada um dos ëlës elementos da imagem uma "pontuação difusa" de pertença à urnte de paisagem, graduada de 0 (baixa pertença) a 1 (alta pertença). O processamento OASIS é efectuado numa imagem em bruto ou, como é o caso aqui, numa imagem classificada. As classificações são depois vectorizadas utilizando uma função de suavização *spline*. Como resultado deste processamento, os mapas de ocupação do solo para 1972, 1992 e 2012 são validados em 1:200.000.

- **Verificação no terreno e atualização do mapa**

O controlo no terreno consistiu na verificação das classes de pixéis resultantes da classificação.

- **Tomar pontos no terreno**

A região caracteriza-se por paisagens bastante acidentadas com transições graduais através de mosaicos. A deteção das diferentes categorias de uso do solo apenas a partir de imagens de satélite continua a ser difícil, razão pela qual é necessário recorrer a dados de campo (SARR, 2009). A missão de campo foi realizada de novembro a dezembro de 2016. O objetivo era identificar e definir as caraterísticas paisagísticas da área de estudo e fazer levantamentos de pontos GPS representativos de cada classe de uso do solo previamente definida. Os dados assim obtidos foram utilizados para ajudar a compreender os dados de satélite e, posteriormente, como pontos de referência para validar a classificação mais recente (2016). Os pontos GPS são recolhidos ao longo de vários transectos percorridos a pé e de mota. Uma vez adquiridos, estes pontos GPS são armazenados em formato .kml (sistema de projeção WGS84 por defeito). Em seguida, para um determinado número de pontos considerados representativos, foi criada uma folha de cálculo Excel para permitir a correspondência com a classe de uso do solo concernëe e o nome do ponto conforme registado no GPS para uma melhor atualização dos vários mapas.

- **Definição das classes de utilização dos solos**

O uso do solo no concelho de Porto-Novo é muito hëtërogëne e a transição entre as diferentes classes assume frequentemente a forma de um gradiente progressivo em função da densidade do coberto e do tamanho dos indivíduos. Embora muitas classes possam ser separadas, optámos por trabalhar aqui em 2 classes principais para implementar a classificação. Algumas destas classes são agrupadas por análise prévia (Quadro III). Quanto mais pormenorizada for a tipologia inicial, mais difícil será a discriminação entre as classes. Assim, de acordo com Bigot *et al.* (2005), a utilização de 4 a 6 classes de uso do solo é muitas vezes suficiente para efetuar uma análise cartográfica deste tipo de paisagem.

Quadro 3: Identificação e definição das classes de uso do solo no concelho de Porto-Novo e na zona envolvente

Classe	Abaixo de classe	Definição	Exemplo
O edifício	**Solo urbano** Aldeia - Estrada ; Edifício denso ; Grandes edifícios ; Edifícios residenciais ; Habitações esvaziadas ou edifícios abandonados;	Inclui áreas construídas, estradas alcatroadas e caminhos. Zona onde a vegetação natural foi eliminada em grandes áreas. (WHITE, 1983)	
Terrenos não urbanizados	Solo nu	Esta classe inclui os campos de futebol, os recreios escolares, etc. Trata-se de um solo nu e	

		vermelho, coberto de erva na estação das chuvas e durante a estação seca, que se confunde muito com as parcelas nuas de culturas.	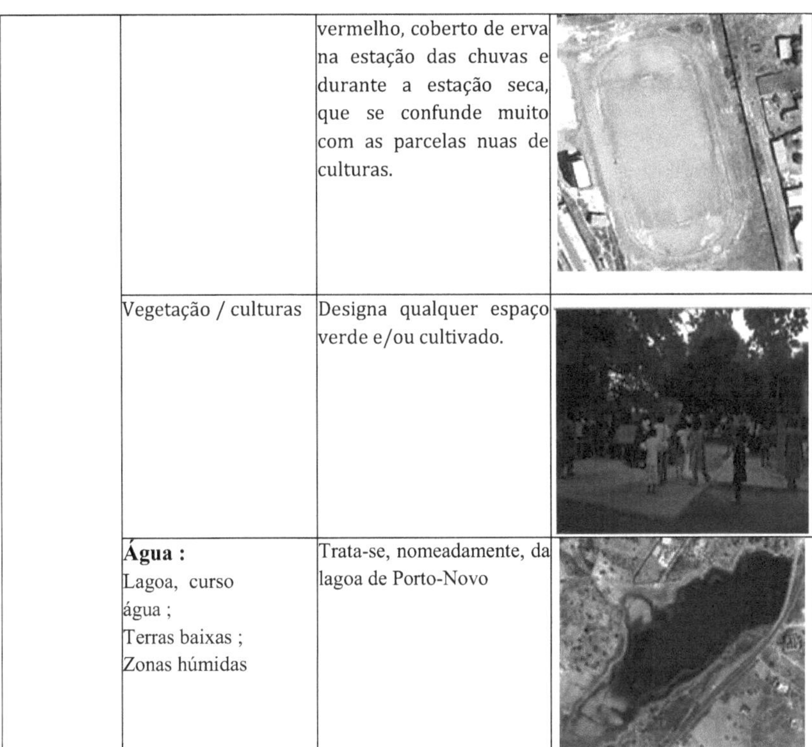
	Vegetação / culturas	Designa qualquer espaço verde e/ou cultivado.	
	Água : Lagoa, curso água ; Terras baixas ; Zonas húmidas	Trata-se, nomeadamente, da lagoa de Porto-Novo	

(Fontes: Google Earth©, dezembro de 2016)

3.4.1.2. Método de análise das mudanças na utilização dos solos

Para analisar a dinâmica da involução da ocupação do solo, são apresentados os mapas de 1972, 1992 e 2012 e as respetivas estatísticas. O cruzamento destes mapas de ocupação do solo para a nossa área de estudo produziu um mapa de alterações e uma matriz que mostra a evolução das diferentes classes entre estas diferentes datas.

Por outras palavras, a análise das alterações ao longo de todo o período de estudo foi efectuada através de uma comparação pós-classificação. Esta produz uma matriz de deteção de alterações resultante da comparação entre os pixels de duas classificações entre duas datas (Girard e Girard, 1999). Com base nesta situação, foi calculada a taxa média anual de expansão espacial (Tc). As alterações à escala global foram determinadas através da extração das áreas de superfície das diferentes unidades de uso do solo para cada tnineev. As alterações foram determinadas ao longo de 3 përiods que são: o përiod 1972 - 1992; o përiod 1992 - 2012 e o përiod 1972 - 2012.

A abordagem metodológica utilizada pode ser resumida em duas etapas principais: o tratamento cartográfico e a análise estatística.

o **Processamento cartográfico**

Note-se que esta parte já foi prëdemment traitëe e prësentëe acima. Esta operação produz um mapa de uso do solo para cada data analisada.

A matriz obtida indica, para cada classe, a área do ano mais antigo que permaneceu na mesma classe ou mudou para outra classe.

Ao longo do período de 40 anos, são identificados três përiodos: o período 1972 - 1992; o përiodo 1992 - 2012 e o período 1972 - 2012.

Além disso, para destacar as mudanças temporais, uma combinação é rëalisëe entre as ocupações de terra de diferentes datas. Foram distinguidos três casos:

- **zonas sem alteração**: o modo de ocupação do espaço permaneceu o mesmo entre as duas datas ^ estado inicial). Por outras palavras, o termo "**inalterado**" refere-se a todas as classes que permaneceram na mesma classe entre as diferentes datas do estudo, ou seja, que não foram alteradas nem pelas modificações nem pelas conversões.

- **modificação**: o tipo de uso do solo mudou de uma classe para outra, embora permanecendo dentro da mesma categoria (por exemplo, a savana arbustiva torna-se savana arbustiva). Por outras palavras, "**modificação**" refere-se a alterações dentro de uma única categoria de uso do solo.

- **conversão**: o modo de ocupação de 1 espaço de uma classe é раззёе para outra classe numa catëgoria diferente (exemplo: mangue que se torna tanne ou vasiere). Por outras palavras, a "**conversão**" é a mudança de uma catëgoria para outra.

o **Análise estatística**

Foram utilizados dois métodos para quantificar as alterações na utilização dos solos.

O método preт!ёre mё consiste em calcular a taxa de expansão anual a partir da fórmula

proposto pela FAO em 1996 (Velazquez *et al.*2002 ; Noyola-Medrano, 2006) da seguinte forma:

C=S2-S1; C= mudança; S1 = área ano 1 e S2= área ano 2

A variável considerada aqui é a área de superfície (S). Valores positivos representam uma

aumento da área da classe durante o pёriode analisёe e valores negativos indicam a perda de área entre as duas datas. Valores próximos de rёro dizem-nos

que a classe permaneceu relativamente estável entre as duas datas. A taxa média de expansão espacial

anual T é ёvaluё da seguinte fórmula (Caloz, 2001 ; Oloukoi 2006 ; Barima *et al*, 2009):

$$T= \frac{\ln S2 - \ln S1}{t\,\ln e} * 100$$

Onde: t: o número de anos de devolução; T= taxa; In: o logaritmo nёpёrian; e: a base dos logaritmos nёpёrian (e=2,71828) e S: a área da superfície.

O segundo método é o método da matriz de transição. Elie corresponde a uma dёre condensёe quadrada da matriz que descreve as mudanças de estado de um sistema durante um determinado pёriod (Schlaepfer, 2000). As colunas da matriz representam a área de cada classe do Гyear mais recente, enquanto as linhas representam a do Гyear anterior.

A Figura 15 apresenta o diagrama síntese da metodologia utilizada para o mapeamento diacrónico da dinâmica do uso do solo no concelho de Porto-Novo e área envolvente nos anos de 1972, 1992 e 2012.

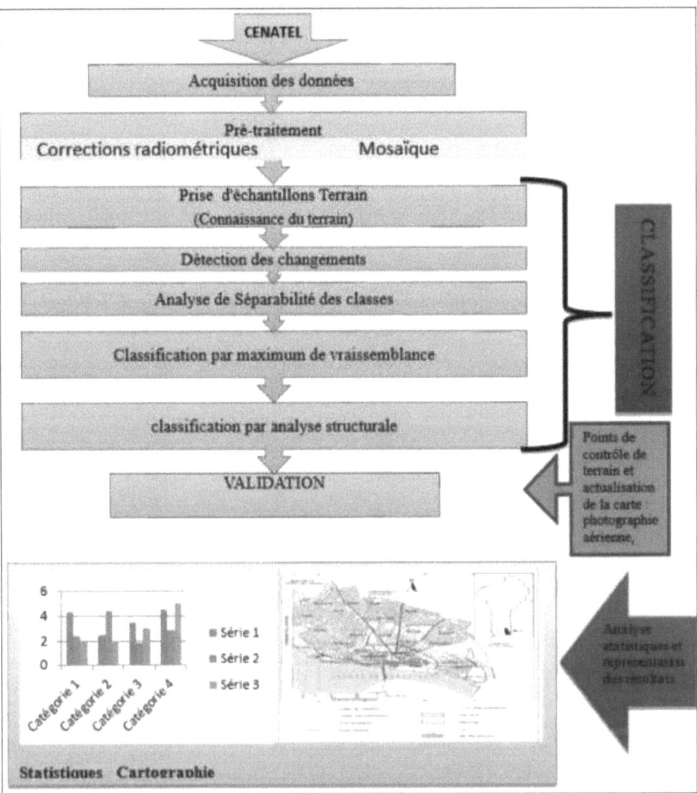

Figura 17: Diagrama sintético da metodologia utilizada para o mapeamento diacrónico da dinâmica do uso do solo no concelho de Porto-Novo e na área envolvente em 1972, 1992 e 2012.

3.4.1.3.   Simulação da dinâmica da utilização dos solos

3.4.1.3.1.   Modelo e Simulação

Um modële representa um determinado idëal ou protótipo, que pode servir de referência ou ser reproduzido. É também dëfmi como uma representação "simplifree" do objeto real (processo, conjunto de phënomënes, etc.). Centra-se unicamente no interesse do objeto, ignora os dëtails e sëlecciona os adëquats espaciais e temporais (Coquillard e Hill, 1997).

A modelização é a conceção de um modelo. Os seus objectivos são (i) explicar (compreender), (ii) dëcriar (resumir) os dados e (iii) prever (ou simular) o funcionamento de um modelo. A simulação, por outro lado, consiste em colocar o modelo em ação (Coquillard e Hill, 1997).

No entanto, por uma questão de conveniência, usamos os termos modëlização e simulação 1 por 1, confiando no uso frequente do termo simulação que implica a imersão do modële no tempo.

Neste estudo, vamos simular o uso do solo, nossa ëtudiëe variável.

3.4.1.3.2.   Escolha do modelo

Existem vários modëles para simular o uso da terra, os mais ийНзёз dos quais são CA_Markov no IDRISI (Eastman, 2006), Land Change Modeler (disponível no IDRISI e como uma extensão do ArcGIS) (Eastman, 2006), DINAMICA EGO (Soares-Filho *et al*, 2002) e CLUE-S (Conversion of Land-Use and its Effects at Small regional extet) (Verburg *et al.*, 2002), SpaCelle Djafarou A. (2014). As rëзитё cara^rísticas destas ferramentas são prësentë na Tabela IV.

Tabela 4: Яёзитё das caraterísticas das ferramentas.

Ferramenta de moderação	Quantidades de alterações	Probabilidade de mudança	Relação entre variáveis influentes/	Programação informática
CA_Markov	Cadeias de Markov	Mapa de aptidão	Avaliação Multicritério	Sim
CLUE-S	Dados externos	Mapa de aptidão	Regressão Logística	Sim
DINAMICA	Cadeias de Markov	Probabilidade de transição	Peso das provas	. Sim
	Dados externos	Peso das provas Algoritmo genético	Algoritmo genético	
LCM (Land Modificador de alterações)	Cadeias de Markov Dados externos	Mapa de aptidão	Regressão logística Perceptrão de múltiplas camadas	Sim
SpaCelle	Dados externos	Probabilidade de transição	Regimes de transição	Não

Fonte: Mas *et al.* 2011

Entre esta vasta gama de abordagens de modëles de simulação do uso do solo, escolhemos o modële CA_Markov (Eastman, 2006) pelo seu desempenho, o seu potencial multi-escala, o seu procëdure espacialmente explícito baseado em dados raster e o facto de ter sido aplicado com sucesso várias vezes em regiões tropicais. De acordo com o trabalho de Mas *et al* (2011), Maestripieri (2012) e Maestripieri e Paegelow (2013), e Kouassi Jean-Luc (2014), o modelo CA_Markov deu melhores resultados na simulação de 1 cobertura do solo em comparação com os outros modelos (LCM, Dinamica e CLUE-S).

Está também disponível gratuitamente com a versão experimental do IDRISI 17.0. Este modelo combina cadeias de Markov, Avaliação Multi-Critério (MCE) e autómatos celulares. A análise de cadeias de Markov prevê padrões futuros de utilização dos solos com base no conhecimento dos padrões do passado e do presente. Elie é também completado pela aplicação de autómatos celulares e por uma avaliação multicritério de vários critérios de mudança, a fim de espacializar e compreender melhor a mudança.

- **Autómatos celulares de Markov (CA)**

A CA de Markov é uma ferramenta poderosa para descrever e espacializar fenómenos dinâmicos. Pode ser utilizada para simular os estados futuros de um phënomëne em função das regiões de transição do estado passado para o estado presente, do estado presente e da proximidade espacial dos ëstados do phënomëne. Este modelo divide-se em três fases:

- Análise da cadeia de Markov ;
- Avaliação multi-critérios ;
- 1 aplicação dos *autómatos* celulares.

- **Análise da cadeia de Markov**

As cadeias de Markov, que são processos estocásticos, prevêem o futuro dos padrões de uso da terra com base na observação de mudanças no passado e no presente (Eastman, 2006). O algoritmo baseia-se no estado da variável modëlisëe nos tempos de aprendizagem *t-1* e *t* e calcula os seguintes resultados:

- uma matriz de probabilidades de transição ;
- uma matriz de superfícies de transição ;
- um conjunto de imagens de probabilidades condicionais (uma imagem por ëstado da variável).

As probabilidades condicionais finais são obtidas multiplicando as probabilidades condicionais pelo resultado da subtração (1 - 1'erro proporcional). O erro proporcional exprime a probabilidade de o estado da variável nos mapas de entrada ser verdadeiro. Um erro proporcional ëgale a zdro exprimiria a confiança total nos ëvënements da fase de aprendizagem.

A matriz de probabilidade de transição de saída é o resultado da matriz das duas imagens de entrada ajustada pelo seu erro proporcional. É utilizada para descrever as tendências de mudança sob a forma de probabilidades de transição de um estado de ocupação do solo para outro. A matriz de áreas de transição é obtida multiplicando cada coluna da matriz de probabilidades de transição pelo número correspondente de pixéis na imagem de entrada na data *t*.

As limitações da análise de Markov devem-se ao facto de estas transições não serem espaciais (Paegelow *et al.*, 2004 ; Paegelow e Camacho-Olmedo, 2005 ; Eastman, 2006).

- **Avaliação multi-critério (MCE)**

A análise multicritério é um método que permite orientar uma escolha com base em vários critérios comuns. Este método destina-se essencialmente a compreender e a resolver problemas de decisão. Os critérios são o 1'dldment de base ddecisionnel. Podem ser avaliados ou medidos. São constituídos por dois tipos de variáveis: os factores e as restrições.

As restrições podem aplicar-se a todos os ëtats da variável modëlisëe (uso do solo) ou ser específicas de certos ëtats. Os elies actuam de forma booLen na possibilidade de realização de mostradores em 1 espaço: "verdadeiro" ou "falso". Os pixels codificados como "falsos" terão a probabilidade de estado zdro.

Os factores, por seu lado, agrupam as variáveis ambientais que actuam de forma diferenciada sobre a probabilidade de ocorrência de um estado da variável em estudo (ocupação do solo). Para cada fator, a probabilidade de ocorrência por *estado* varia entre 0 e 255 na matriz de pixels.

O objetivo do EMC é produzir mapas de apoio à decisão para cada estado da variável. Para esta utilização do espaço, o procedimento gera um mapa de aptidão ou de probabilidade, que pode ser descrito como um mapa de decisão. O EMC é composto por várias etapas, sendo as principais a categorização das camadas de "critérios" em factores e restrições, a normalização dos factores (transformação das unidades originais num índice de aptidão) utilizando funções de filiação de lógica *difusa* (lindaire, sigmoi'de, etc.) e a ponderação dos factores (utilizando a matriz de Saaty) e a sua agregação para obter o mapa de aptidão (Eastman, 2006).

- **Aplicações dos autómatos celulares**

Um autómato celular é constituído por uma grelha regular de "células", cada uma contendo um "estado" escolhido de um conjunto finito e que pode evoluir ao longo do tempo. O estado de uma célula no tempo *t+1* é uma função do estado no tempo *t* de um número finito de células chamado a sua "vizinhança".

A cada novo ипкё de tempo, os mesmos regimes são aplicados sinniltanamente a todas as células da grelha, produzindo uma nova "geração" de células dëpendendo entiërementalmente da gënëration prëcëdente anterior (Coquillard e Hill, 1997).

Permitem que a interação espacial seja tida em conta nos processos de simulação. Tratam a variável ëtudiëe como um sistema dinâmico em que o espaço, o tempo e os ëtats desse sistema são discretos (Paegelow *et al.*, 2004; Eastman, 2006). A filtragem através da aplicação de um filtro clássico de contiguidade 5x5 aos regimes de transição derivados da análise Markoviana permite eliminar ocorrências isoladas (Eastman, 2006). A Tabela V mostra o filtro aplicado no autómato celular.

Tabela 5: Filtro de contiguidade 5x5 ийНзё em autómato de 1 célula.

0	0	1	0	0
0	1	1	1	0
1	1	1	1	1
0	1	1	1	0

| 0 | 0 | 1 | 0 | 0 |

Fonte: Eastman, 2006

Os valores de saída são números reais entre 0 e 1. O filtro é aplicado a imagens inicializadas de cada ëstate (categoria de uso do solo) previsto pela análise de Markov.

Obtêm-se então imagens de probabilidade ponderada que são múltiplas com as imagens de aptidão produzidas pela EMC e que matërializam a base de conhecimentos. O resultado obtido (imagem ^elle) é convertido em números inteiros 0-255. Em rëзитë, a CA favorece os pixéis cujo estado é simultaneamente provável e que estão próximos dos pixéis/áreas com uma probabilidade ëlevëe para o mesmo ëtat.

o Desenvolvimento de critérios integrados no modelo

Para a EMC (Evaluation Vhilti-Critere), são identificadas e ponderadas as variáveis ambientais susceptíveis de influenciar a dinâmica da utilização dos solos. O objetivo da identificação e da ponderação destas variáveis é produzir mapas de aptidão para cada classe de uso do solo.

Identificação de critérios

O número de variáveis explicativas a intëgrer ao modële é limitado pela sua disponibilidade, pela sua espacialização, bem como pela sua influência na localização e nas mudanças dos tipos de uso do solo. O número de factores presentes e integrados é restrito em comparação com o leque de variáveis potencialmente explicativas (ambientais, socioredafianas, político-económicas, biofísicas, etc.) ënumërëes por Geist e Lambin (2001). A escolha de diferentes capacidades para cada classe de uso do solo foi basëada no trabalho de (Behera *et al.,* 2012).

Ponderação dos factores

Após a identificação dos fatores, é realizada uma ponderação dos fatores com base na técnica de comparação par a par no contexto de um processo de precisão denominado Analytical Hierarchy Process (AHP). Assim, os fatores são comparados, dois a dois, numa denominada matriz de comparação de Saaty (Saaty, 1990), e isto de acordo com a sua importância relativa em relação ao objetivo йxë (Tabela VI). Note-se que a pontuação é subjectiva e depende inteiramente do analista.

Quadro 6: Escala de Saaty para a ponderação dos factores em pares (Saaty, 1990).

Expressão de critério em relação a outro	Balança digital	Expressão de critério em relação a outro	Balança digital
A mesma importância que	1	Moderadamente menos	1/3
Moderadamente mais importante que	3	Muito menos importante que	1/5
Fortementplus importante que	5	Muito menos importante do que	1/7
É muito importante que	7	Extremamente menos importante que	1/9
Extremamente mais importante que	9	-	

Fonte: Saaty, 1990

Normalização dos factores

Os factores utilizados têm valores mínimos e máximos diferentes. Para poderem ser utilizados no CEM, devem ser normalizados para 256 níveis de cinzento correspondentes à escala 0-255 (do menos adequado ao mais adequado). Esta operação torna os factores comparáveis. Os factores são normalizados através de funções fuzzy e ponderados através da matriz de Saaty, que devolve o vetor próprio de cada fator.

3.4.1.3.3. Calibração e validação do modelo

Para simular a dinâmica da ocupação do solo numa data posterior (2032), é necessário primeiro calibrar o modelo com dados conhecidos. As imagens de 1992 e 2012 são utilizadas como base para extrapolar as quantidades de ocupação futura do solo. Trata-se de uma extrapolação linerar, uma vez que a simulação se baseia em dois pontos no tempo para calibrar o modële. De acordo com Pontius (2010), a calibração é a estimativa e o ajuste dos parâmetros e restrições do modelo, a fim de melhorar a correspondência entre os resultados do modelo e um conjunto de dados. Esta ëtape é fundamental, pois a qualidade dos resultados obtidos vai dëpender da correta paramëtragem do modële.

Para validação, o resultado da simulação do uso do solo de 2012 é comparado com o mapa de uso do solo de 2012 resultante da classificação. Após uma comparação visual, é efectuada uma análise mais detalhada através do cálculo de índices Kappa ëe que avaliam a qualidade da previsão em termos de localização. Esta avaliação ë produz índices de concordância Kappa: (i) Kappa para a localização da localização ao nível das células da grelha (Klocation) e (ii) Kstandard permitindo determinar uma taxa de sucesso global (Pontius, 2000; Chen e Pontius, 2010). A localização K indica como as células da grelha estão localizadas na paisagem. Kstandard indica a concordância global.

A metodologia final adoptada para este objetivo foi rësumëe e prësentëe na figura 17 abaixo.

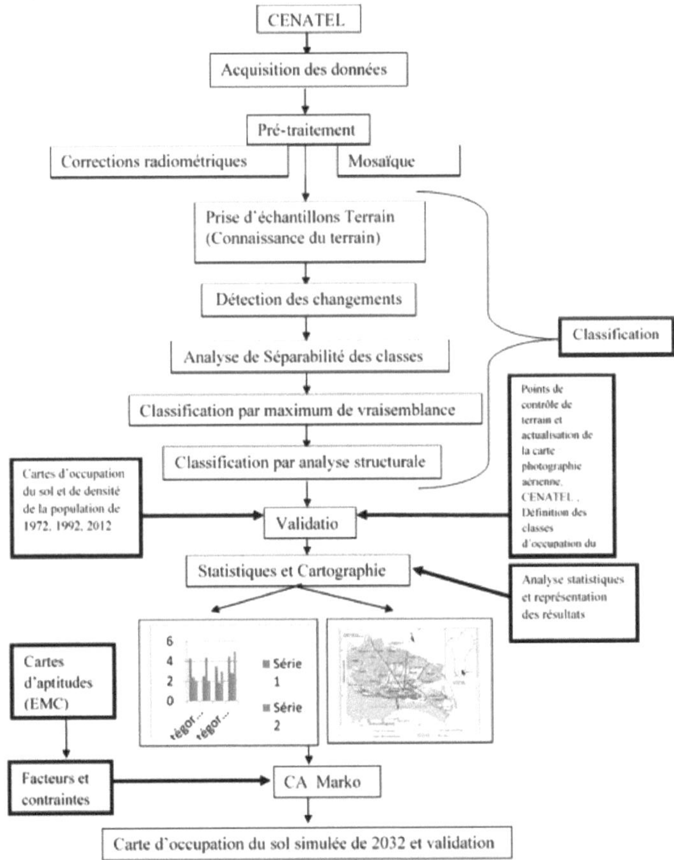

Figura 18: Diagrama sumário da metodologia utilizada para a elaboração da cartografia diacrónica das dinâmicas de ocupação do solo.

Fonte: trabalho de campo, fevereiro de 2017

A área de cada иπкё de uso do solo foi ё!ё agrupadaё de acordo com os 4 anos, resultando na seguinte Tabela VII.

Tabela 7: Rёpartição da área de cada иπкё de uso do solo.

Ano	Densidade populacional	Aglomeração	Cultura s_jach e res	Cultura s_jach e res_pa l mier	florestas_agud as	marec a ge	Cultura de uma Plantação	Plan_e a и	Plantaçã o	Balanço_d en ude
1972	414	6235.05	6700.41	14634.1	140.82	15812.8	6766.45	7590.31	3068.17	11.87
1992	581	7755.25	9173.11	11292.9	135.08	15833.7	6361.63	7578.92	2752.69	76.59
2012	1189	9581.01	5968.94	13527.0	95.83	15824.5	6795.97	7606.36	1483.77	76.59
2032	2626	14226.9	9992.92	5988.46	15.83	15837.2	5463.22	7602.26	1756.54	76.59

Fonte: Processamento de dados, 2020

Em seguida, um coeficiente de correlação a ё!ё calcиlё entre a coluna da densidade populacional e cada coluna que representa cada uso do solo иπкё. A probabilidade Hёc tem o valor do coeficiente de correlação a ё!ё calculado. Um valor de probabilidade Иёo para a correlação que seja inferior ou ёgal a 0,05 (Prob. < 0,05) indica uma correlação significativa, enquanto um valor de probabilidade superior a 0,05 indica uma correlação não significativa. Se o valor da correlação for negativo', ga indica uma influência negativa' da dёmografia sobre l'иπкё do uso do solo e um valor positivo indica uma influência positiva (ambos ёvolvem na mesma direção).

A densidade populacional ponderada para a nossa área de estudo é calculada da seguinte forma (quadro VIII):

De'nsite' pondёrёe = População total da área / Área total da área

Quadro 8: Peso "de'nsite" das comunas na área de investigação

Comunas	Porto-Novo	Akpro-Misserete	Avrankou	Seme-Podji	Adjarra	Aguegues	Total	Densidade Ponderee
população 1979	133168	39291	50016	37220	34074	14895	308664	414
população 1992	179138	52885	68503	65016	46427	21333	433302	581
população 2002	223552	72652	80402	115238	60112	26650	578606	776
número de efectivos população 2012	264320	127249	130777	222701	97424	44562	887033	1189
população 2032	349429	303434	297455	684757	218390	105876	1959341	2626
Áreas	52 Km^2	79 Km^2	150 Km^2	250 Km^2	112 Km^2	103 Km^2	746 Km^2	-

Fonte: Processamento de dados, 2020

3.4.2. Caracterização da influência da densidade de construção e dos espaços verdes na variação do CUI de 2000 a 2015 (OS2)

3.4.2.1 Metodologia para o mapeamento da densidade de edifícios

O método utilizado consiste, em primeiro lugar, na digitalização dos edifícios de todas as categorias através de imagens de alta resolução do Google Earth. Em segundo lugar, a altura relativa dos edifícios é determinada durante o trabalho de campo.

3.4.2.1.1. Utilizar a plataforma Google Earth

O Google Earth é uma aplicação Web que permite visualizar o mundo através de um globo virtual e mostrar imagens de satélite, mapas, relevo e edifícios (Figura 17).

Figura 19: Interface do software Google Earth, fevereiro de 2018

Este software contém imagens de alta resolução da ordem dos 30 m a 60 cm (SPOT, Quickbird, Ikonos, etc.). Estas imagens provêm de empresas de comercialização de imagens e estão arquivadas no servidor do Google Earth, ao qual se pode aceder através de uma ligação à Internet. São actualizadas permanentemente. Visitar

O software Google Earth existe em várias versões, uma versão gratuita e uma versão paga, o Google Earth Pro. Em ambos os casos, a utilização gratuita das imagens apresentadas pelo software só é autorizada através de capturas de ecrã ou da utilização em linha. Para efeitos do presente estudo, as imagens foram utilizadas em linha.

A resolução espacial destas imagens permite respeitar a definição morfológica das zonas urbanizadas e, por conseguinte, cartografar todos os conjuntos de edifícios separados por uma estrada.

3.4.2.1.2. Digitalização de edifícios utilizando imagens 2d do Google Earth

A digitalização dos edifícios permitiu obter polígonos cuja superfície é facilmente caracterizada e expressa (Johanna *et al.*, 2014). Por conseguinte, é essencial dispor de imagens de alta resolução espacial. As etapas de digitalização são descritas no diagrama da Figura 18 abaixo.

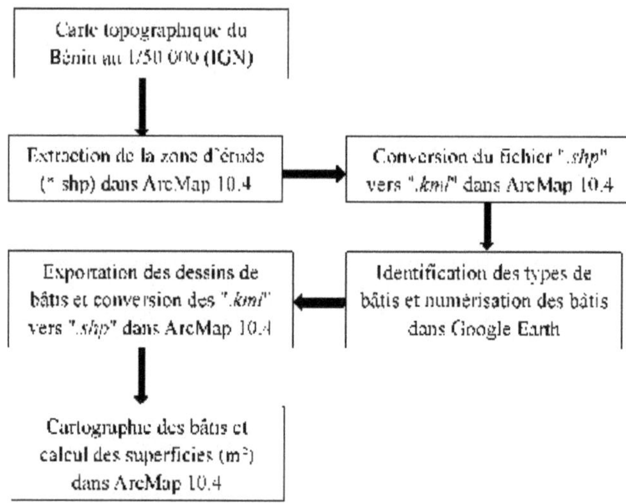

Figura 20: Fluxograma metodológico para a cartografia dos edifícios

Fonte: Design, Falolou L., 2018

O mapa de base utilizado foi retirado da base topográfica 1:50.000 do IGN. Para as operações cartográficas foi utilizado o software ArcGIS. As imagens SPOT georreferenciadas utilizadas datam de dezembro de 2015 e dezembro de 2016, com uma resolução de 2m. As unidades de uso do solo são claramente visíveis nestas imagens. Esta resolução permite identificar claramente as estruturas das parcelas.

Foi efectuada a digitalização dos limites, permitindo a identificação das áreas construídas. Seguiu-se uma verificação no terreno, comparando os resultados da digitalização com as imagens do Google Earth. A Figura 20 mostra uma janela de execução desta tarefa.

A digitalização é efectuada diretamente no Google Earth (figura 20).

Figura 21: Numeração de edifícios no Google Earth Pro, fevereiro de 2018.

O método utilizado consiste em ordenar uma primeira coleção "edifícios", que agrupa todas as construções em altura (um nível ou mais), independentemente da sua utilização. Em segundo lugar, uma coleção de "outros objectos construídos", que agrupa os pisos térreos e os edifícios comuns. Uma terceira coleção, constituída por lojas e escolas. Finalmente, uma quarta coleção que agrupa os edifícios sobre a água na comuna de Agudguds.

3.4.2.1.3.   Altura média estimada do edifício

A estimativa da altura média dos edifícios baseia-se em observações no terreno. As observações foram efectuadas em diferentes zonas:

-    no município de Agudguds, o objetivo era observar as variações de altura casas sobre palafitas e edifícios comuns ;

-    no concelho de Porto-Novo, onde existe uma concentração de edifícios, foram efectuadas as seguintes observações

São feitas de modo a a ëya1иет a altura do l^talement dos edifícios дгоирёз, e iso^s ;

-    nas outras comunas, as observações são efectuadas isoladamente.

As diferentes observações foram objeto de uma série de operações de nivelamento direto e/ou indireto com ligação à Repëre Gënëral de Nivellement (RGN) do Institut Gëographique National (IGN) mais próximo do local. A altitude do terreno natural (TN) e a do cume (o ponto mais alto do edifício) foram dëterminadas. A altura considerada é a média. Ela é obtida pela diferença entre as duas (02) alturas previamente determinadas.

As alturas dos edifícios variam consoante as categorias (quadro IX).

Quadro 9: Estimativa das alturas dos edifícios

Categorias	Comunas	Alturas média (m)	Caraterísticas
Edifícios	Porto-Novo, Adjarra, Akpro-M188ërë1ë, Sëmë-Kpodji	6,4 - 27,9	-
Rés do chão	Porto-Novo, Adjarra, Akpro-M188ërë1ë, Sëmë-Kpodji	3,4 - 3,6	-
Edifícios comuns	Porto-Novo, Adjarra, Akpro-M188ërë1ë, Sëmë-Kpodji	3,2 - 3,4	-
	Aguegues	3 - 4,2	Construção sobre estacas
Escolas	Porto-Novo, Adjarra, Akpro-M188ërë1ë, Sëmë-Kpodji	3,85	-
	Aguegues	4,50	Construção sobre estacas
Lojas	Porto-Novo, Adjarra, Akpro-M188ërë1ë, Sëmë-Kpodji	4,70 - 7,80	-

Fonte: Trabalho de campo, Falolou, maio de 2018

Estes comentários foram prëcëdë as informações recolhidas junto de peritos em construção civil na República Bëпт.

3.4.2.1.4.   Superfície estimada dos edifícios

[2]As superfícies dos edifícios são geradas automaticamente em m utilizando o módulo "*Calculate Geometry*" do ArcMap 10.4. Isto foi possível após a criação do campo "surface_m" na tabela de atributos que contém as caraterísticas dos edifícios desenhados. As imagens de ecrã seguintes (**Tabela X** e **Tabela XI**) mostram como as superfícies são geradas.

Quadro 10: Criação do campo "surface_m" para o cálculo das superfícies dos edifícios.

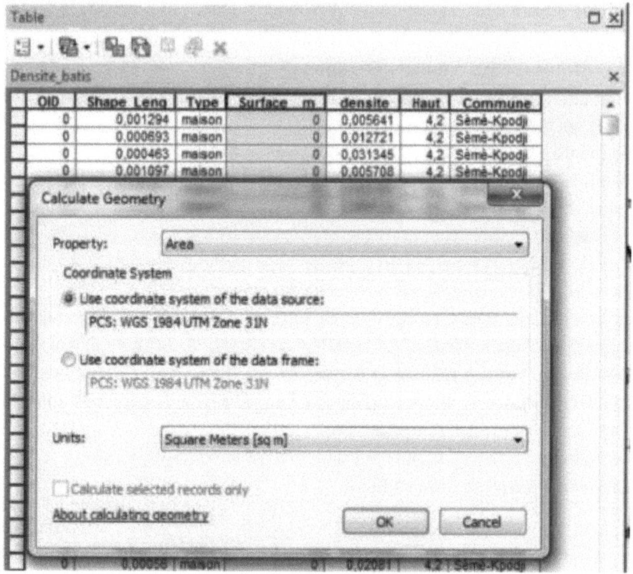

Quadro 11: Cálculo da superfície dos edifícios

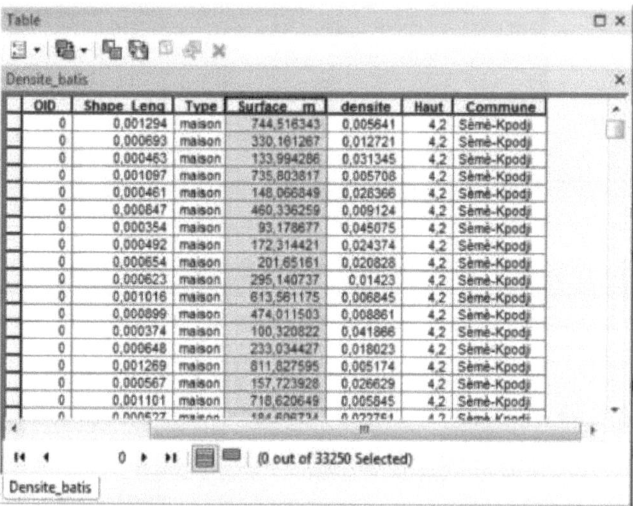

3.4.2.1.5. Mapeamento da densidade

As tabelas de atributos que fornecem informações sobre as áreas construídas de cada comuna são corplë!ëeз por dois outros "campos" que indicam as coordenadas dos centróides. Cada polígono é então transformado num número inteiro de pontos cujas coordenadas são as dos centróides. É efectuada uma junção espacial para combinar cada ponto com a área do polígono de que deriva.

[2]Relativamente à dëlimitation parcellaire dëfmit par le cadastre, existem aproximadamente 70 lotes/кт . De facto, um lote dëlimita uma área de 200m x 50m com um direito de passagem de 15m de largura a toda a volta, o que dá 215m x 65m = 13.975m2. Conhecendo esta área, podemos calcular o número de lotes por Km2. A Figura 12 ilustra esta limitação.

NB : Para avaliar a densidade de construção neste estudo, interessou-nos o número de lotes por

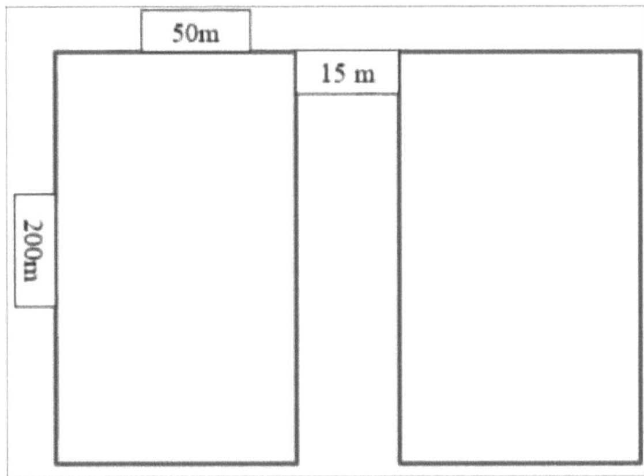

km2 (Iot/Km2). A altura dos edifícios não foi tida em conta devido às dificuldades encontradas.
[2]A análise da figura 12 mostra a área ocupada pelo número total de lotes que podem ser observados em 1km , ou seja, :

Número de lotes $= \dfrac{1000\,X\,1000}{13975}$.

[2]Este relatório foi utilizado para identificar os limiares de densidade do lote/кт para as zonas em causa (urbanas e rurais). Esta fórmula é implementada na folha de cálculo Excel juntamente com os campos de atributos que indicam a dimensão espacial. Nesta fase, dispomos de um ficheiro de três colunas que nos permite passar à cartografia tridimensional. O resultado num pacote de software GIS leva a uma avaliação da distribuição da densidade das seis comunas ëtudiëes.

Além disso, convém salientar que este método não foi aplicado na comuna de Aguegues, dada a впёайекё dos habitats que são estruturas de estacas. Aqui não se tratava de contar o número de habitats por área de superfície. Isto é pela simples razão de que o registo de terras em termos de subdivisões não é renuirque.

3.4.3. Método de análise da influência dos espaços verdes nas UHIs

Para demonstrar a influência dos espaços verdes na UHI, são utilizadas abordagens relacionadas com a estimativa do armazenamento de carbono na biomassa aërienne.

Figura 22: Limites das parcelas definidos pelo registo predial

3.4.3.1. Medição de campo da biomassa aérea viva

Para medir a biomassa aérea viva no campo, delimitámos 11 parcelas quadradas de 20 m x 20 m na estufa (2,2 ha) do jardim botânico, considerando uma taxa de amostragem de 20% (Dagnelie, 1998).

De facto, aplicando esta taxa de amostragem de 20% à superfície total da estufa, foi possível obter a superfície a amostrar (SE) Equação 2.

$$SE = St \times Ts \qquad (2)$$

SE : Zona a amostrar (0,44 ha)
St: Superfície total da estufa (2,2 ha)
Ts: Taxa de sondagem (20%)

O número de parcelas quadradas a considerar tem etc dëterminë da liquidação 3. [2]De facto, se n é o número de parcelas quadradas e uma parcela quadrada tem uma área de Sm , então temos :

$$n = \frac{SE}{Sm^2}$$ (3)

n: número de parcelas
SE : Zona a amostrar
^2Sm : Área de um terreno quadrado

Todas as árvores foram medidas em cada parcela. Foram registadas as seguintes variáveis: espaçamento, circunferência, altura total e estado da árvore. As parcelas estão localizadas no conservatório do fagon ateatoire. A figura 13 mostra a distribuição das árvores e das parcelas na estufa JPN.

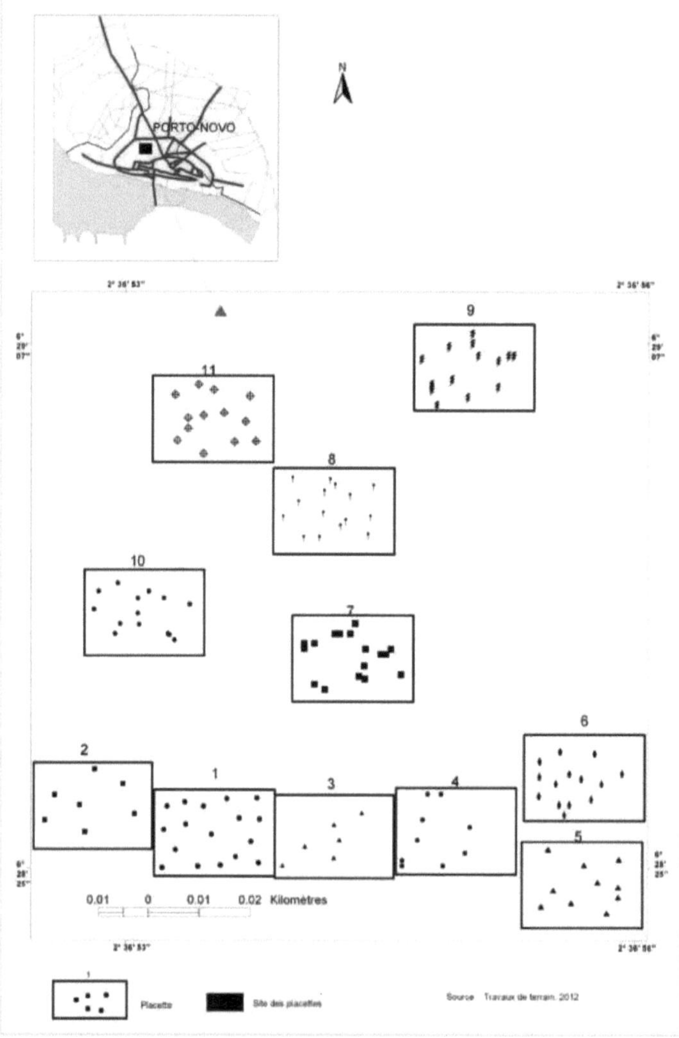

Figura 23: Rëpartições de árvores e parcelas na estufa JPN.

> **Estimativa da biomassa**

Atualmente, muitos autores recomendam o desenvolvimento de regressões ёдиайопз específicas para as espécies mais encontradas nos locais atm etuclicos para amelhorar a йаЫШё dos resultados (MacDiken, 1997; IPCC, 2003). Para estimar a biomassa de árvores de grande porte, foi recomendado, etc., o uso do cálculo da FAO (1997).

$$Y = \exp(-1{,}996 + 2{,}32 \ln D) \qquad (4)$$

Y= biomassa por árvore em kg; D = diâmetro (dbh) em cm.

Assim, a soma da biomassa de todas as árvores de uma parcela dá a biomassa total dessa parcela. Assim, temos :

$$Y_p = \sum Y \qquad (5)$$

Yp: biomassa total de uma parcela

Y: biomassa das árvores

Em seguida, utilizando a liquidação 6, estimámos a biomassa média de uma parcela através do cálculo da média aritmética.

$$Y_m = \frac{\sum Y_p}{n} \qquad (6)$$

Ym: biomassa média da parcela

Yp: biomassa total de uma parcela

n: número de parcelas

Da mesma forma, a partir da biomassa média de uma parcela, foi possível deduzir a biomassa total da estufa utilizando uma regra de três Equação 7).

$$Y_t = \frac{S * Y_m}{SE} \qquad (7)$$

Yt: biomassa total da estufa

S: superfície total da estufa (2,2 ha)

Ym: biomassa média da parcela

SE: Superfície a amostrar (0,44 ha)

Do mesmo modo, a biomassa total do sítio 2 (detente) *foi* reduzida pela liquidação 8 :

$$Y2 = \frac{S2x\,Yt}{S} \qquad (8)$$

S2: área do sítio 2 [relaxamento (1,6 ha)].

Y2: biomassa total do sítio 2

Yt: biomassa total da estufa

S: superfície total da estufa (2,2 ha)

J **Estimativa do carbono armazenado na biomassa aérea**

Para estimar o stock de carbono na biomassa do Adriático, *foram* estudadas as seguintes medidas:

- medições dendrométricas (perímetro e altura da árvore) efectuadas no terreno
- estimativa da biomassa aérea.

Estas medições foram efectuadas apenas no Jardim Botânico de Porto-Novo, mais concretamente no Conservatório ou Museu das Plantas (sítio 1), e apenas tiveram em conta todas as árvores de cada uma das parcelas.

- **Estimativa do carbono armazenado na biomassa aérea**

O stock de carbono na biomassa do Adriático foi estimado utilizando a equação 9 (IPCC 1996). Devido a limitações de tempo e financeiras, a fração de carbono na biomassa utilizada será um valor por defeito proposto pelo Painel Intergovernamental sobre as Alterações Climáticas (IPCC). A fração de carbono por defeito é 0,5.

$$CE = B \times FC \qquad (9)$$

EC = carbono armazenado (t C/ha); B = biomassa (t/ha); FC = fração de carbono %).

3.4.4 Método para caraterizar as IU, o seu impacto no ambiente e na população e soluções propostas para a regulação sustentável das IU (OS3)

O objetivo é identificar e caraterizar as ilhas de calor urbanas. A este nível, o objetivo é mostrar que a distribuição térmica depende essencialmente da topografia, da densidade de construção e da utilização do solo. Por outras palavras, o objetivo é relacionar a distribuição das temperaturas com as caraterísticas da área construída (Qudnol et *al*, 2007). O método seguinte foi utilizado para demonstrar a relação entre a densidade de edifícios, a utilização do solo e a distribuição de temperaturas na cidade de Porto-Novo e na área circundante.

Desta forma, as ilhas de calor *foram* caracterizadas na área de estudo através da dedução de três zonas principais: zona de baixa UHI, zona de média e/ou alta UHI. Em cada uma destas zonas, a urbanização e a densidade populacional são caracterizadas. Isto tornou possível comparar estes dois aspectos em cada zona e testar a hipótese 2.

3.4.4.1. Localização e identificação de ilhas de calor urbanas UCI

Vários estudos utilizam a tëlëdëtection para saber onde estão localizadas as UCI. A maioria dos estudos realizados em Montreal utiliza esta tecnologia (**Achour, 2006**). A análise de mapeamento de imagens, baseada em mapas, pode ser utilizada para determinar a temperatura da superfície de uma cidade e para determinar o tipo de cobertura do solo (Aniello *et al.*, 1995; Cavayas e Baudouin, 2008; Gill *et al.*, 2008). Barato e prático, também pode ser usado para justapor mapas contendo diferentes dados sobre o ambiente urbano (dados socioeconómicos, cobertura florestal, etc.) (Quenol *et al.*, 2007). Em contrapartida, outros ëtudos utilizam dados de estações mëtëorológicas, sensores de tempëratura, termomëtres móveis, para identificar UHIs (**Efe S.** *e A.* **Eyefia, 2014, Xavier F., 2015**) e existem questões de custo e logística envolvidas na obtenção de locais de medição com monitorização diária.

De acordo com autores como Williams e Smith (1989); Aniello *et al.*, 1995; Cavayas e Baudouin (2008); e Gill *et al.*, 2008, existem sensores de satélites que operam no infravermelho termal para dëtectar as tempëraturas da superfície. No presente estudo, utilizámos o método de deteção de temperatura para estudar os UHIs.

3.4.4.2. Utilização de imagens MODIS para recolher dados sobre o UHI

A utilização de imagens MODIS baseia-se principalmente na análise de dados de tempëratura, a partir de imagens de satélite térmicas, colhidas sobre a cidade de Porto-Novo e arredores, de forma a facilitar o estudo da phënomëne de ilha de calor urbana.

Assim, optámos por imagens de satélite tëlëchargeable online de satélites mëtëorológicos. Estes incluem frequentemente sensores que sondam a l'atmospliere para repërer a estrutura das nuvens e os systëmes mëtëorológicos, os efeitos das ilhas de calor urbanas, correntes oceânicas, phënomënes como o El Nino, incêndios florestais, ёт188юп8 vulcânicos e os das indústrias poluentes.

Após ter feito um inventário dos diferentes sensores que fornecem dados adequados ao nosso estudo, optámos pelo sensor americano MODIS (Moderate Resolution Imaging Spectroradiometer) instalado nos satélites Terra (desde 1999) e Aqua (desde 2002) (Wan Z. et *al.*, 2002). Há várias razões para esta escolha preferencial:

> imagens MODIS gratuitas, facilmente tëlëchargeabIe ;

> O sensor MODIS tem um alcance de 2330 km, o que lhe permite observar todos os pontos da Terra a cada um ou dois dias em 36 bandas espectrais (visual, infravermelho próximo, infravermelho médio, infravermelho termal) com comprimentos de onda que variam de 0,4 a 14 pm (Chu et al., 2002). De facto, as 36 bandas espectrais co-registadas e precisamente calibradas fornecem informações sobre a temperatura da superfície terrestre e ocidental, a produtividade

primária, a cobertura do solo, as nuvens, os aerossóis, o vapor de água, os perfis de temperatura e os incêndios.

> A vantagem da alta resolução temporal do MODIS é que é possível construir séries de imagens para analisar o comportamento sazonal ou fenológico (Reed et al. 1994);

> boa resolução espácio-temporal, radiométrica e espetral ;

> alta resolução temporal (*uma passagem diurna e uma passagem nocturna feitas por cada satélite a cada 48 horas = 4 observações em 2 dias*). (Petrenko & Ichoku, 2013).

> boa resolução espacial, que permite cobrir grandes porções da Terra com boa precisão (variando entre 250 m e 1 km) (Chu et al., 2002);

> Este é o melhor compromisso entre uma resolução temporal elevada e uma resolução espacial óptima, representando uma precisão de superfície seis (6) vezes mais fina do que a do sensor especialmente concebido para estudar a temperatura da superfície, ou seja, o SPOTVEGETATION, ou mesmo o NOAA-AVHRR ou o ENVISAT-AATSR (Advanced Along Track Scanning Radiometer) (uma resolução de 3 Km a 5 Km).

> A frequência das passagens sobre o mesmo ponto para o satélite MODIS é de duas vezes por dia, ao passo que é de 35 dias para o AATSR e diária para o AVHRR. Uma vez que o MODIS se baseia em dois satélites, Aqua e Terra, é possível obter dados até quatro vezes por dia, e a combinação destes dois satélites permite obter uma LST média diária mais próxima da verdade terrestre. Os tempos de trânsito local para estes dois satélites são fornecidos no produto tëlëchargë. Em modo ascendente, Terra e Aqua passam sobre a Amërica do Norte de manhã e sobre a América do Norte f noite em modo descendente.

> oferece uma rede de pontos de controlo no solo que aumenta a precisão da geolocalização para 45m (geo rdfdrencement), em vez de 150m. Isto dá uma probabilidade de correlação entre o pixel e o terreno de 65%, em comparação com 13% sem a rede GCP (Ground Control Points). Esta probabilidade aumenta com o número de pontos tomados em consideração. É por isso que, apesar de tudo, para efeitos de cálculos estatísticos ou transectos, é necessário escolher grupos de pixels de pelo menos 3x3, se não 5x5. Neste caso, os valores móveis obtidos são significativamente melhorados e muito mais próximos da realidade, embora este método afecte a resolução.

> correcções gëomëtricas e atmosféricas de alta precisão ;

Estes saltos de alta qualidade (Wan Z. *et al.*, 2002) estão disponíveis gratuitamente no Land Processes Distributed Active Archiv Center (LP DAAC) da NASA.

Além disso, optámos pelo sensor incorporado na plataforma do satélite TERRA (MODIS-TERRA) (EOS - Earth Observation System), uma vez que nos permite monitorizar o ambiente da Terra e as alterações graduais do seu clima. O seu homólogo "Aqua" é utilizado para estudar o ciclo da água à superfície da Terra e na atmosfera.

Para o nosso estudo, optámos por utilizar os compósitos de 8 dias "LST 8-days 1 km" (quadro ideal). De facto, o sensor "fotografa" e mede a mesma superfície terrestre quase uma vez por dia, em média (2 vezes por dia). Mas as reflectâncias obtidas (nomeadamente nos comprimentos de onda utilizados para a temperatura da superfície) são automaticamente analisadas ao longo de uma série de 8 dias, sendo selecionada a menos ruidosa (ou seja, obscurecida pelas nuvens).

Este processo corrige os efeitos da reflexão atmosférica na imagem. São também aplicadas correcções geométricas para tornar a imagem utilizável mais rapidamente.

Além disso, as LSTs medidas pelo sensor MODIS são também melhoradas graças a um novo algoritmo, o day-night split-window, que tem em conta a variação das emissividades em função do tempo, medidas em sete bandas de infravermelhos térmicos, ou seja, as bandas 20, 22, 23, 29, 31, 32 e 33 (Wan *et al.*, 2002b). O MODIS foi etc. calibrado no Lago Titicaca (Wan *et al.*, 2002a).

3.4.4.3. **Passos para adquirir e descarregar imagens**

Existem várias formas de aceder aos dados MODIS: REVERB, EARTH EXPLORER, GLOVIS, LP DAAC Data, Pool, MRTWEB... Ver lista e acesso em https://lpdaac.usgs.gov/get_data, consultado em 10/08/2016.

Selecionámos uma das interfaces mais fáceis de utilizar para descarregar, que é a REVERB (NASA/EOSDIS): http: // reverb.echo.nasa.gov/reverb, 10/08/2016.

Os dados MODIS são armazenados em áreas equivalentes a 10° de longitude por 10° de latitude. A área de estudo situa-se entre 2°24 e 2°44 de longitude leste e 6°21 e 6°40 de latitude norte.

Para aceder aos dados, definir os seguintes parâmetros

- **localização**: inserir as coordenadas da zona que está a ser pesquisada ou simplesmente a nome do local procurado (Local, Nome);

- **o produto**: introduzir o código (ver lista de produtos MODIS) na secção "Search Terms": exemplo MODIS LST 8-Days 1 km ou MOD13Q1 para índices de vegetação Terra, 250m, 16 dias;

- **1 intervalo de tempo**: datas de início e fim do período requerido (janeiro de 2001-dezembro de 2001)

2001, ... janeiro de 2015-dezembro de 2015).

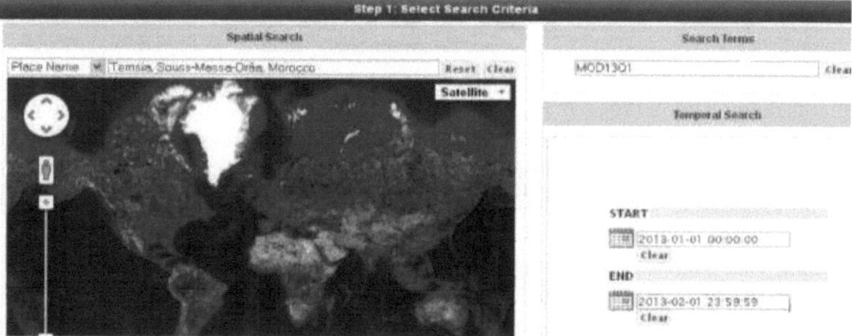

Figura 24: Fase de seleção dos critérios

O Lktape 2 permite-lhe зёксйоппег os tipos de produtos disponíveis:

Figura 25: Passo зёксйоп para tipos de dados ou de produtos

A etapa 3 produz os "grânulos", ou seja, os dados disponíveis, em forma de lista ou de mapa. Na lista de "grânulos", selecione os dados a descarregar e coloque-os no cesto.

Figura 26: Passo das cenas de зёксГкп Segunda opção de tëlëloading.

Së selecionar os "grânulos" a tëlëcharged

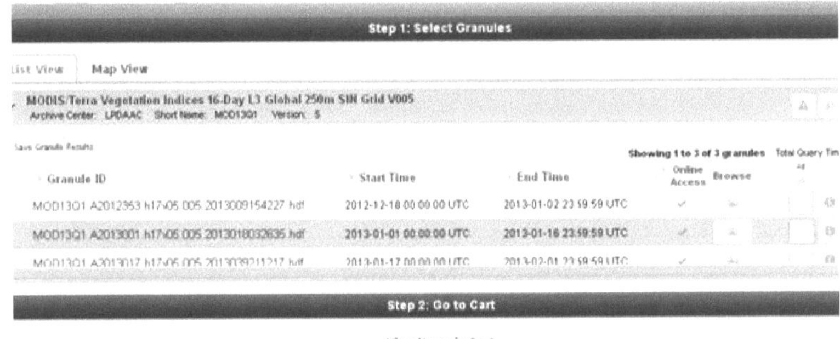

Figura 27: Fase de seleção dos grânulos

Ver os grânulos selecionados :

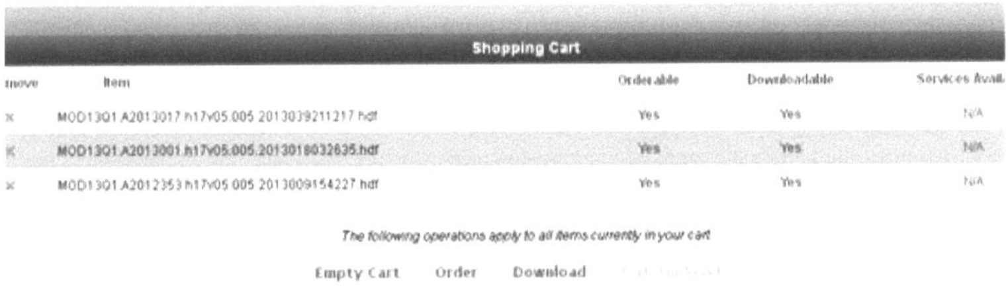

Figura 28: Fase de carregamento do granulado

Finalmente tdldownload os arquivos (escolha entre as 2 opções propostas tdldownload. Além disso, para concluir esta pesquisa, foi necessário inserir o período desejado para um annëe, em seguida, rëpëter foperation quinze (15) vezes (2000 a 2015). De facto, neste ëtude o período escolhido nas vacas de cada ano é a grande estação seca entre os meses "dezembro e março". Este período foi escolhido porque permitirá a obtenção de imagens sem nuvens para melhor identificar as UHIs.

Uma vez iniciada a pesquisa, todos os ficheiros foram visualizados e descarregados. Em seguida, procedemos à recuperação dos dados de deteção através do sítio LPDAAC, utilizando os dados MODIS Terra (EOS). Este método de acesso às séries de dados é bastante simples e fácil de utilizar. Por fim, os ficheiros em formato HDF-EOS são descarregados com o comando WGET a partir de um terminal Linux Unbutu.

Assim, reunimos um grande número de imagens compostas de 8 dias correspondentes ao período seco (dezembro - março) dos 15 anos de 2001 a 2015 acima descritos.

3.4.4.4. Administração de questionários à população e medição de temperaturas a nível de bairro

> **Administração de questionários à população**

A este nível, foram aplicados questionários à população, utilizando o método de amostragem definido anteriormente. Da mesma forma, foi também aplicado um guião de entrevista aos actores locais (funcionários da Câmara Municipal, chefe de bairro, etc.).

Os questionários e o guião de entrevista foram utilizados para recolher informações sobre as percepções das pessoas em relação ao calor, os seus sentimentos e o impacto do excesso de calor. Este método permitiu-nos também compreender as medidas tomadas e as políticas adoptadas pelos actores locais, nomeadamente a Câmara Municipal, para atenuar o excesso de calor perdido pela população.

> **Efetuar medições de temperatura a nível distrital**

As medições de 1етрёгаШге8 a I echelle de quartier ont ё!ё prises a 1 aide des appareils de mesures de 1етрёгаШге ambiante et de surface infrarouge. As séries de medições foram ё!ё prises 81тикапётёп1 a la même heure (entre midi et 15H30) au niveau des diflerents types d'espaces bien зрё^щ^з : centros de cidades, cruzamentos, semáforos, zonas comerciais, bermas de estradas, zonas com árvores ou vёgёtaux, perto da lagoa, no trânsito e zonas ricas em vёgёtation como os espaços verdes urbanos.

Estas medições de tempёratura permitiram quantificar a forma como as pessoas se sentiram durante o pёriode de calor dёfmie (meio-dia e 3 da tarde e noite) por este lastiёre. Foi assim que se mediu a temperatura máxima e mínima que se podia obter. Os locais de medição foram escolhidos aleatoriamente entre as áreas listadas acima.

Além disso, quatro (4) dispositivos (termómetro de sonda móvel) foram ё!ё тоЫНзёз para estas medições. No entanto, a fim de obter um certo número de pontos variáveis, realizámos duas séries de medições no mesmo dia e isto, ao longo de cinco (5) dias, incluindo um total de oito (8) locais. A tabela abaixo ilustra estas séries de medições.

Tabela 12: Sёries de medições de tempёratura

[ere]1 série de medições					
Sítios Dias^^	**Sítio 1 JPN**	**Sítio 2 Cruzamentos densos com semáforos tricolor**	**Sítio 3 Banco da lagoa**	**Sítio 4 Funcionamento central (Ouando)**	**Horário 12H-13H30'**
Dia 1	T°max T°mín Temperatura média	T°max T°mín Temperatura média	T°max T°mín Temperatura média	T°max T°mín Temperatura média	T°max T°mín Temperatura média
Dia 2	T°max T°mín Temperatura média	T°max T°mín Temperatura média	T°max T°mín Temperatura média	T°max T°mín Temperatura média	T°max T°mín Temperatura média
Dia 3	T°max T°mín Temperatura média	T°max T°mín Temperatura média	T°max T°mín Temperatura média	T°max T°mín Temperatura média	T°max T°mín Temperatura média
Dia 4	T°max T°mín Temperatura média	T°max T°mín Temperatura média	T°max T°mín Temperatura média	T°max T°mín Temperatura média	T°max T°min Temperatura média
Dia 5	T°max T°mín Temperatura média	T°max T°mín Temperatura média	T°max T°mín Temperatura média	T°max T°mín Temperatura média	T°max T°mín Temperatura média
Total	T°max T°mín Temperatura média	T°max T°mín Temperatura média	T°max T°mín Temperatura média	T°max T°mín Temperatura média	T°max T°mín Temperatura média
[eme]2 séries de medições					

Sítios Dias"^^	Sítio 5 No trânsito (centro da cidade de Porto-Novo)	Sítio 6 No trânsito (zona de Adjarra)	Sítio 7 Espaços verdes (centro da cidade)	Sítio 8 Espaços verdes (periferia)	Horário 1.30-3.15 PM
Dia 1	T°max T°mín Temperatura média	T°max T°mín Temperatura média	T°max T°mín Temperatura média	T°max T°mín Temperatura média	T°max T°mín Temperatura média
Dia 2	T°max T°min Temperatura média	T°max T°mín Temperatura média	T°max T°mín Temperatura média	T°max T°mín Temperatura média	T°max T°mín Temperatura média
Dia 3	T°max T°mín T°média	T°max T°mín T°média	T°max T°mín T°média	T°max T°mín T°média	T°max T°mín Temperatura média
Dia 4	T°max T°mín Temperatura média	T°max T°mín Temperatura média	T°max T°mín Temperatura média	T°max T°mín Temperatura média	T°max T°mín Temperatura média
Dia 5	T°max T°mín Temperatura média	T°max T°mín Temperatura média	T°max T°mín Temperatura média	T°max T°mín Temperatura média	T°max T°mín Temperatura média
Total	T°max T°mín Temperatura média	T°max T°mín Temperatura média	T°max T°mín Temperatura média	T°max T°mín Temperatura média	T°max T°mín Temperatura média

Fonte: Trabalho de campo 2017

Este quadro mostra que a primeira série de medições foi efectuada entre as 12:00 e as 13:30 e a segunda série entre as 13:45 e as 15:15, com actualizações de 15 em 15 minutos, a fim de observar as diferentes variações durante estes períodos de tempo. Para cada série de medições, as temperaturas foram registadas simultaneamente nos quatro (4) locais.

3.4.4.5. Ensaios para propor soluções para uma regulamentação sustentável das UCI

As abordagens utilizadas para encontrar soluções para controlar e regulamentar as IUC baseiam-se em análises cruzadas (Figura 27) dos dados e resultados dos estudos realizados em relação aos três primeiros objectivos.

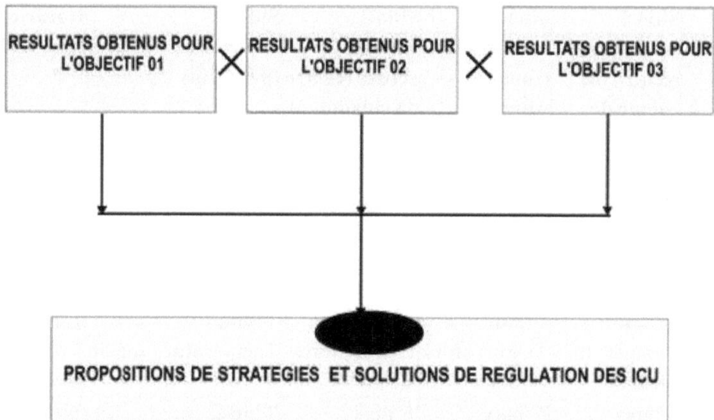

Figura 29: Schëma de cro13ëe8 análises para a proposta de atenuação de UHI.

A escolha de 1 análise cro!3ëe dos resultados decorrentes dos objectivos 01, 02 e 03 permitiu dëfmir estratégias para a at^nuação da UCI no ambiente de estudo. Com efeito, os ëlëments relativos às opções de amënagement e ao impacto da UTI no l'environnement têm ë!ë ийН3ё3 para l'atteinte de cet objectif.

Conclusão parcial

Várias abordagens mëthodológicas são utilizadas neste ëtude, e na maioria dos casos fazem rëfëferência a autores que já ийН3ё3. Os Elies são escolhidos de acordo com cada objetivo e permitiram recolher e analisar dados relativos aos parâmetros que explicam a variação do UHI, para analisar a influência do local construído e dos espaços verdes na variação do UHI. Os Elies também permitiram determinar o impacto destas UHIs na população e no ambiente através da sua identificação e quantificação, a fim de propor uma solução adequada para a regulação sustentável das UHIs. Après avoir posë les bases nietliodologiques, la deuxiëme partie de cette ëtude présente les résultats et discussions dëclinës en quatre chapitres suivant les objectifs.

RESULTADOS E DISCUSSÃO

CAPÍTULO IV: DINÂMICA DA UTILIZAÇÃO DOS SOLOS E DENSIDADE POPULACIONAL

Neste capítulo, é прӗзеп!ӗ por um lado os resultados relativos à Involução de 1 ocupação do sol de 1972 a 2012 e por outro lado a proposta de um зсӗпапо futuro para a gestão sustentável de 1 espaço. De facto, esta parte permitiu dӗgager as tendências de urbanização de 1 espaço e a dinâmica de mineralização das superfícies em função da dӗmografia.

4.1. Alterações na utilização dos solos

A dinâmica da involução do uso do solo perde-se através da espacialização das unidades de uso do solo (UT) apresentadas pelos mapas de 1972, 1992, 2012 e 2032 (da simulação) e pelas respectivas estatísticas.

Lntude de revolution des ипкӗз d'occupation du sol est fondӗe sur trois cas de figure. Trata-se de "modificações", "conversões" desses ипкӗз que se opõem a situações de "ausência de mudança". Por "modificação" devemos entender as mudanças que ocorreram dentro da mesma categoria de uso do solo (quer se trate de uma Rӗgressão ou de uma Progressão). Enquanto que "conversão" é a mudança de uma categoria para outra. O termo "inalterado" refere-se ao conjunto de classes que permaneceram na mesma classe entre diferentes datas de estudo, ou seja, que não foram afectadas nem por modificações nem por conversões.

4.1.1. Utilização do solo em 1972

Nesta data, a área de estudo é dominada por formações naturais e artificiais. A Figura 28 mostra as Unidades de Uso do Solo (UUT).

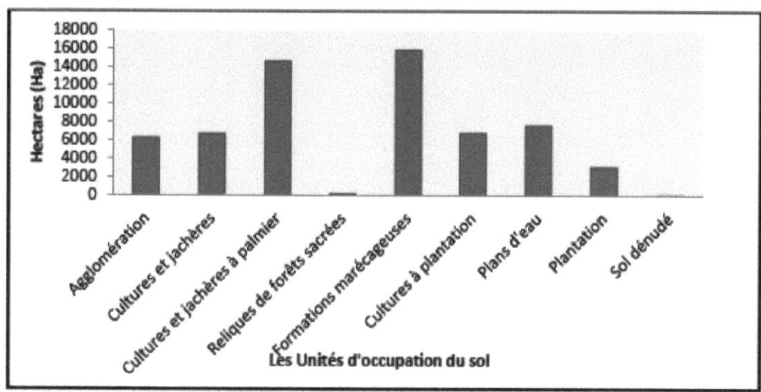

Figura 30 Evolução do UOS em 1972

Fonte: Processamento de dados, 2017

A Figura 29 mostra que existem nove (09) UOS. É гетащиӗ que em 1972, as formações marecáceas cobrem a maior parte da região com uma área de 15812,78 hectares, ou seja, 25,94% da área de estudo; Em seguida, vêm as plantações de palmeiras e pousios cobrindo 14.634,14 hectares (24,01%), seguidos por corpos d'água (12,45%), plantações (11,10%), plantações e pousios (10,99%) e, por último, aglomerações cobrindo 6.235,05 hectares ou 10,23% da área total. A figura 31 mostra a situação da UOS em 1972.

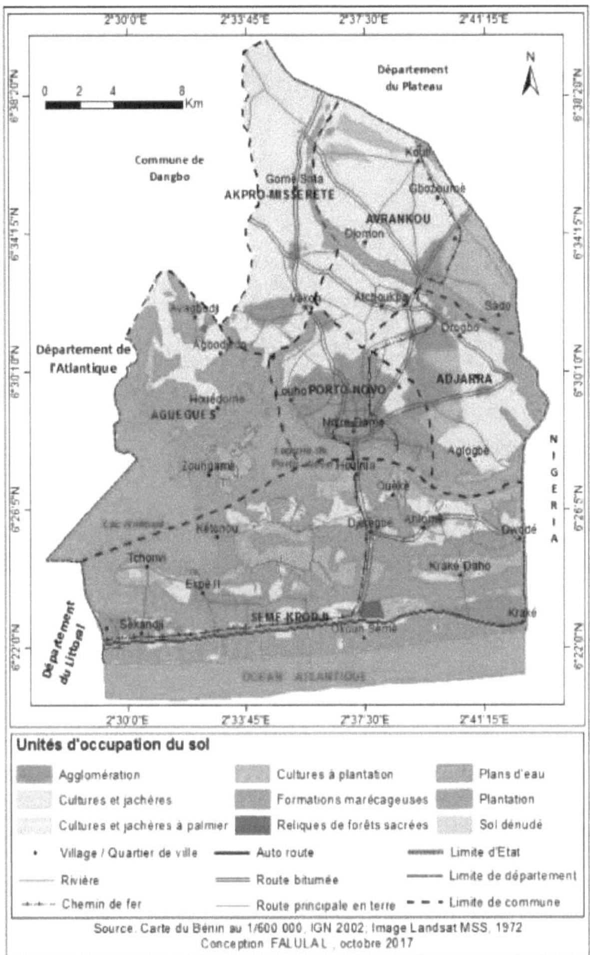

Figura 31: Utilização do solo em 1972

A observação da Figura 29 mostra que as áreas de vegetação espontânea são em especial: as Relíquias do Bosque Sagrado e as plantações que juntas perfazem um percentual de 5,26% sobre a área total do ambiente de estudo. Da mesma forma, em relação a esta figura, é conз!alë I^gale repartition des taches correspondantes au bati (agglomération) qui fait un pourcentage de 10,23 %. Considerando esta última percentagem, o não-bati ocupa assim 89,77%.

4.1.2. Utilização do solo em 1992

No que diz respeito ao estado de ocupação do solo em 1992, a figura 30 mostra uma distribuição relativamente idêntica à de 1972, ou seja, uma predominância das seguintes classes: culturas e palmeirais, culturas e piquetes, culturas de plantação, formações marinhas, plantas aquáticas e aglomerados.

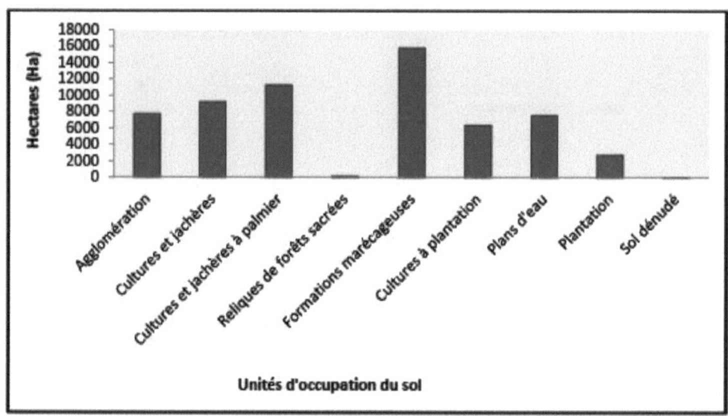

Figura 32: Alterações no UOS em 1992
Fonte: Processamento de dados, 2017

A análise da figura 31 mostra que as formações húmidas continuam a liderar com uma superfície de 15833,74 hectares, ou seja, 25,97% (ligeiro aumento). Seguem-se as culturas de palmeiras e os pousios com 11292,98 hectares ou 18,53% (diminuição), as massas de água com 7578,92 hectares ou cerca de 12,43% e as plantações com 6361,63 hectares ou 10,44%. As culturas e os pousios cobrem uma superfície de 9173,11 hectares, ou seja, 15,05% da superfície total, seguidos das aglomerações que cobrem 7755,25 hectares, ou seja, 12,72%.
A figura 32 mostra a situação do UOS em 1992.

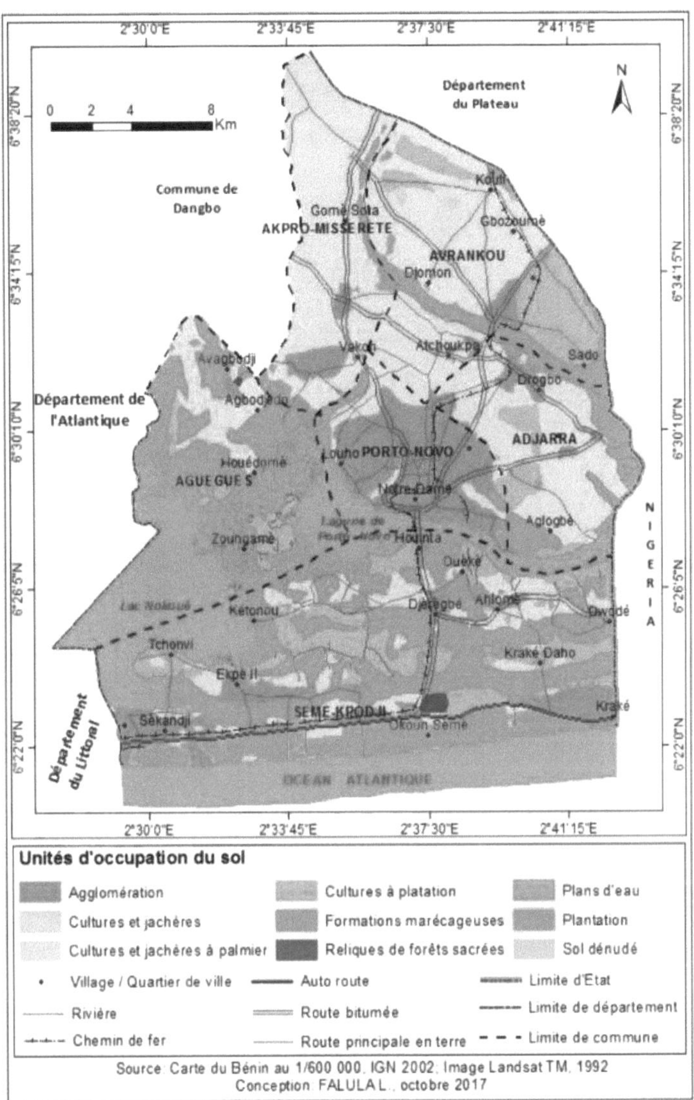

Figura 33: Utilização do solo em 1992

Como em 1972, as tendências em 1992 mostram ёдалетеп1 que as áreas de yёдёlaйoпз espontâneas ainda permanecem as relíquias de florestas sagradas e plantações que juntas perfazem uma porcentagem de 4,74% (decrescente) na área total do ambiente de estudo. Da mesma forma, a distribuição uniforme de áreas construídas (aglomeração) ainda é observada, com uma área de 7755,25 ha em comparação com 6235,05 ha em 1972, um aumento de 124,38%. Deste ponto de vista, as terras não urbanizadas ocupam 87,28% do total, um declínio de 2,49% em quase duas décadas.

4.1.3. Utilização dos solos em 2012

Em 2012, as UOS observadas anteriormente continuam presentes mas, desta vez, com um aumento significativo das superfícies ocupadas pelos aglomerados e uma regressão do número de UOS. Considërable de formações naturais. A figura 33 mostra esta ëyolийоп.

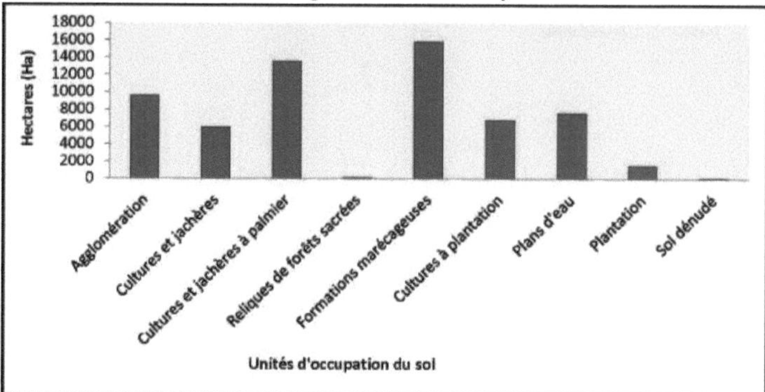

Figura 34: Variação de UOS em 2012
Fonte: Processamento de saltos, 2017

A leitura das frequências observadas mostra que as formações de charneca continuam a ocupar uma superfície muito importante, ou seja, 15824,48 hectares (25,96%). As culturas e os palmeirais ocupam uma superfície de 13 527,04 hectares (22,19%), enquanto os aglomerados ocupam uma superfície de 9 581,01 hectares (15,72%).
A figura 34 mostra a situação do UOS em 2012.

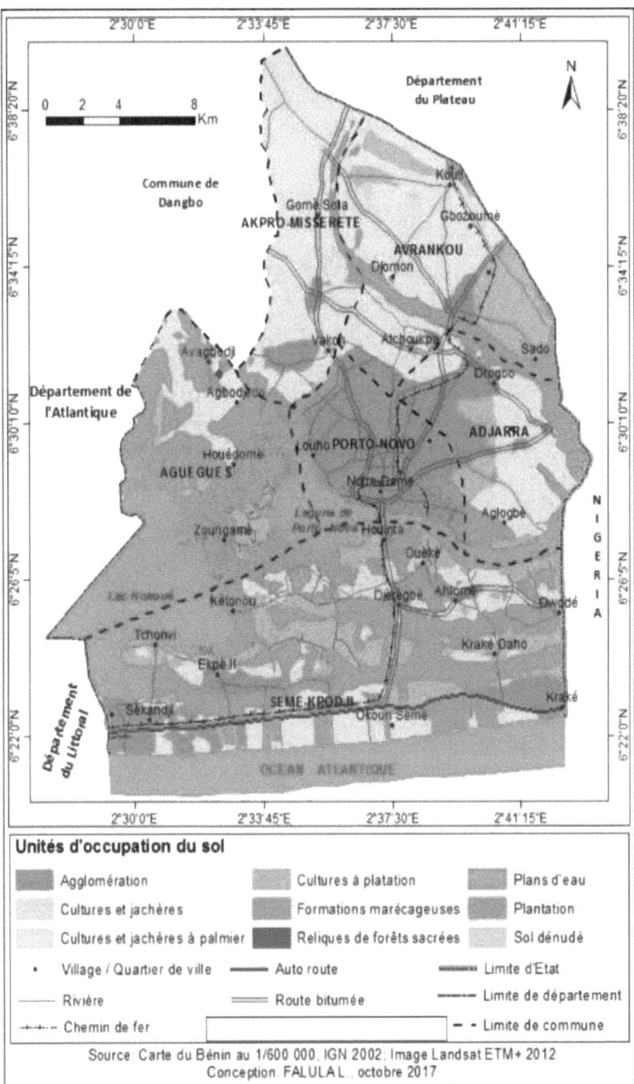

Figura 35: Utilização do solo em 2012

A observação da espacialização das UOS mostra que o гергёзеп1ё construído por manchas de aglomeração (cor vermelha) ocupa mais espaços no dètriment das formações naturais. Neste аппёе, os адд1отёгайопз representam 15,72% contra 12,72% em 1992 e 10,23% em 1972. Verificou-se, portanto, um aumento notável, fazendo recuar as zonas não urbanizadas, que representam atualmente 84,28%, contra 87,28% em 1972.

4.1.4. Dinâmica da utilização dos solos entre 1972 e 1992

A análise da dinâmica do uso do solo entre 1972 e 1992 гёуёк mostra que a área de estudo permanece parcialmente estável.

No entanto, as mudanças significativas que ocorreram durante este período dizem respeito principalmente a culturas de palma e picliere, culturas e pousio, culturas de plantação e aglomeração (Tabela XIII e Figura 35). Tal ëyo1ийоп é Hëc um forte crescimento da população da região.

Quadro 13: Evolução da utilização das terras de ипкёз entre 1972 e 1992.

Unidades de utilização do solo	Área (ha) 1972	Área de superfície (Ha) 1992
Aglomeração	6235,05	7755,25
Culturas e pousios	6700,40	9173,11
Culturas de palmeiras e pousios	14634,14	11292,98
Relíquias sagradas da floresta	140,82	135,08
Formações marinhas	15812,78	15833,74
Culturas de plantação	6766,45	6361,63
Corpos de água	7590,31	7578,92
Plantação	3068,17	2752,69
Solo denudado	11,87	76,59
Total	**60960**	**60960**

Fonte: Dados de campo

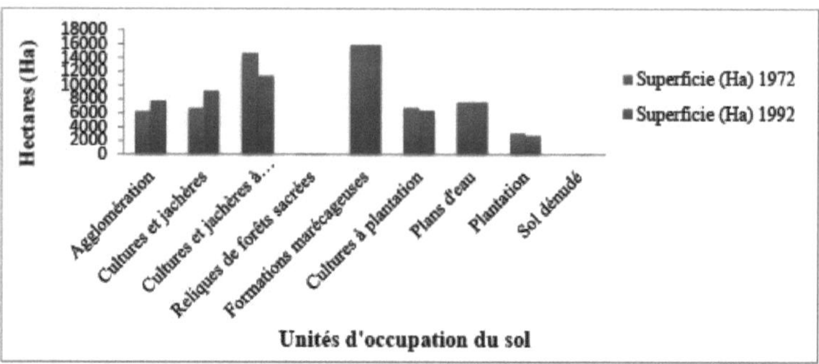

Figura 36: Alterações na utilização dos solos entre 1972 e 1992

Fonte: Processamento de dados, 2017

Olhando para este gráfico, podemos dizer que as classes mais comuns em 1992 são idênticas às de 1972. De facto, podemos ver que :

• As culturas e os pousios para palmeiras cobrem atualmente uma superfície de 11292,98 ha ou 18,53%, em comparação com uma superfície de 14634,14 ha ou 24,01% em 1972. *Isto representa um decréscimo de 3341,16 ha ou 5,48%;*

• Em 1992, as plantações cobriam uma superfície de 6361,63 ha, ou seja, 10,44%, em comparação com uma superfície de 6766,45 ha em 1972, ou seja, 11,10%. *Daí a diminuição da superfície*. Assim, podemos também dizer que esta classe evoluiu ao longo dos 20 anos (1972-1992).

• As plantações, que ocupavam 3068,17 ha (5,03%), diminuíram para 2752,69 ha em 1992 (4,52%). *Daí a diminuição da superfície.*

• As culturas e os piquetes cobrem uma superfície de 9173,11 hectares, ou seja, 15,05% da superfície total, contra 10,99% em 1972, ou seja, 6700,40 ha. *Daí o aumento da superfície*. Pode portanto afirmar-se que esta unidade de utilização do solo evoluiu ao longo dos 20 anos (1972-1992).

• As aglomerações cobrem uma área de 7755,25 hectares ou 12,72% da área de estudo em 1992. Em 1972, ocupavam uma superfície de 6235,05 ha ou 10,23%. *Daí o aumento da superfície*. Assim, podemos dizer que esta unidade de uso do solo mudou ao longo dos 20 anos (1972-1992). É o que mostra a figura 36.

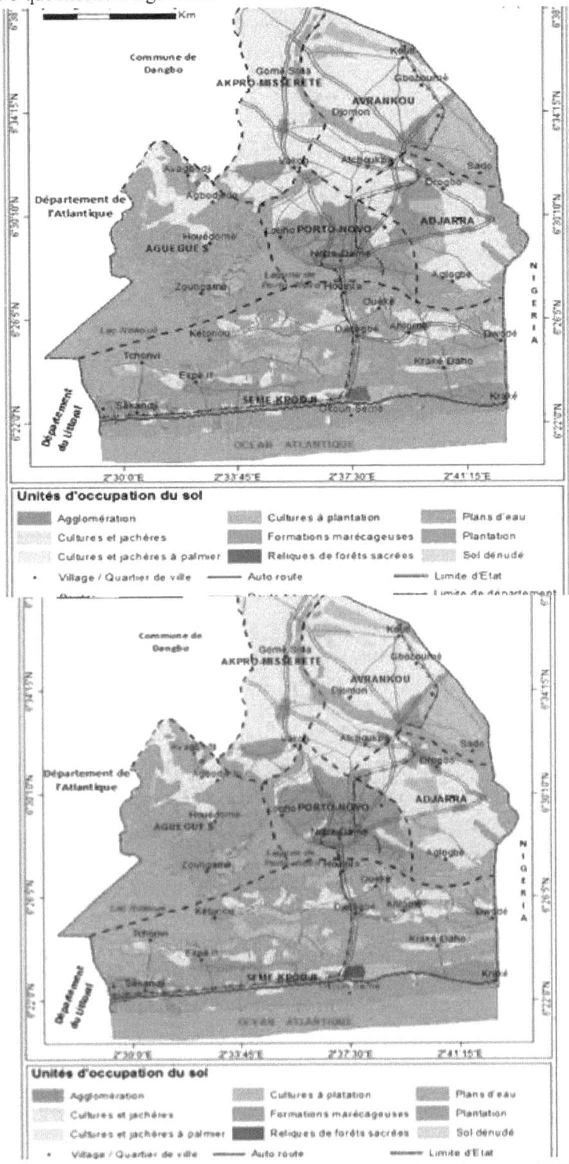

Figura 37: Mapa que mostra as mudanças na utilização dos solos entre 1972 e 1992

4.1.5. Dinâmica da utilização dos solos entre 1992 e 2012

Entre 1992 e 2012, a tendência de дёпёгак mostra uma alteração nas mudanças de 1 uso do solo especialmente em áreas agrícolas e áreas de vëgëtação natural (Figura 36).

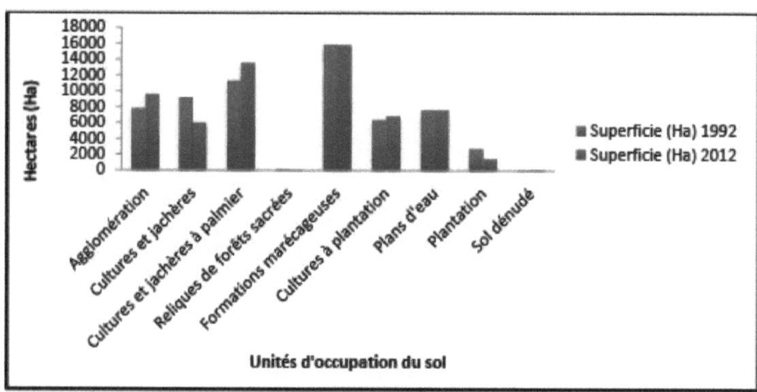

Figura 38: Mudança na utilização do solo entre 1992 e 2012

A figura 37 mostra que entre 1992 e 2012 :

-    a aglomeração cresceu de 7755,25 hectares para 9581,01 hectares

hectares ou 3% ;

-    a cultura e os palmeirais aumentaram de 11292,98 hectares para 13527,04 hectares

um aumento de 2 234,06 hectares ou 3,66%;

-    As culturas e os pousios *recuaram*, perdendo 3204,17 hectares, ou seja, 5,26% da sua superfície inicial;

-    a área de florestas sagradas foi reduzida de 135,08 hectares, ou seja, 0,22%, para 95,83 hectares

ou seja, 0,16%; *daí o declínio*;

-    As culturas plantadas *aumentaram 0,71%*, passando de 6361,63 hectares (10,44%) para 6795,97 hectares (11,15%);

-    a plantação passou de 2752,69 hectares para 1483,77 hectares, *o que representa uma diminuição de 2,09%.*

Quanto ao outro иткёз de ocupação do solo, nomeadamente massa de água, solo nu e formações marinhas, não se registou qualquer alteração significativa durante o përiode. A Figura 38 mostra o mapa de Involução da cobertura do solo entre 1992 e 2012.

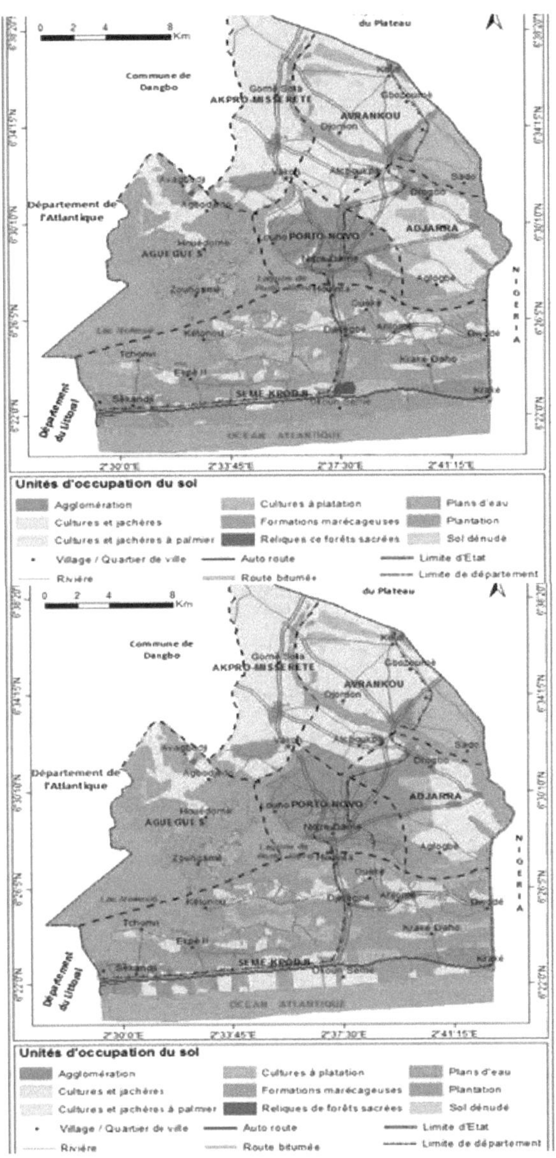

Figura 39: Mapa que mostra as alterações na utilização dos solos entre 1992 e 2012

Perante esta evolução, que marca uma tendência regressiva das formações naturais em detrimento das formações antropogénicas, é de salientar que as aglomerações detêm uma parte significativa dos espaços transformados. Embora as zonas não urbanizadas pareçam ocupar grandes áreas, os ипкёз que as circundam continuam a ser afectados pelas alterações observadas.

Estas observações foram tidas em conta no exercício de simulação que conduziu à cartografia prospetiva para 2032.

4.1.6. Utilização dos solos até 2032

Para mapear esse uso posterior do solo, as matrizes de transição são prësentëes em relação às taxas de mudança calculadas e até mesmo às probabilidades de mutação para cada UOS.

4.1.6.1. Matriz de transição entre 1972 e 1992

A Matriz de Transição ilustra, em termos de hectares, a alteração das áreas das classes de ocupação do solo entre 1972 e 1992. De facto, esta matriz de mudanças que é gënërëe pelo cruzamento das cartas de ocupação do solo de 1972 e 1992 mostra uma evolução ao nível das diferentes ипкёз de ocupação do solo ипкёз (Quadro XIV).

Quadro 14: Matriz de transição entre 1972 e 1992

	1972-1992									
	RFS	PL	CJP	CJ	FM	PE	SD	PC	AG	TOTAL 1972
RFS	135	0	6	0	0	0	0	0	0	141
PL	0	2753	291	0	0	0	0	0	24	3068
CJP	0	0	10996	2812	0	0	0	0	826	14634
CJ	0	0	0	6361	0	0	0	0	339	6700
FM	0	0	0	0	15813	0	0	0	0	15813
PE	0	0	0	0	0	7579	0	11	0	7590
SD	0	0	0	0	0	0	12	0	0	12
PC	0	0	0	0	0	0	0	6351	415	6766
AG	0	0	0	0	21	0	65	0	6149	6235
TOTAL 1992	135	2753	11293	9173	15834	7579	77	6362	7755	**60960**

RFS : Reliques de forets sacrees ; *PL* : Plantation ; *CJP* : Cultures et jaches a palmier ; *CJ* : Cultures a plantation ; *FM* : Formations marecageuses ; *PE* : Plans d'eau ; *SD* : Sol denude ; *CP*: Cultures a plantation ; *AG*: Agglomeration

De facto, a partir da leitura desta tabela, podemos ver que dos 141 hectares ocupados pelas Relíquias da Floresta Sagrada em 1972, 135 hectares estão гезlё8 intactos em 1992 e 6 hectares estão agora ocupados por culturas de palmeiras e pousios. Da mesma forma, dos 3068 hectares ocupados pela plantação em 1972, 2753 hectares estão гезlё8 intactos em 1992, 291 hectares estão agora ocupados por culturas de palmeiras e pousios e 24 hectares por aglomeração. Assim, a plantação perdeu um total de 315 hectares ao longo de um período de 20 anos. Além disso, em 1972, dos 14634 hectares ocupados pelas Cultures et jachëres a palmier, 11293 hectares estão гезlё8 intactos em 1992, 2812 hectares são agora ocupados pelas cultures et picliere e 826 hectares pelas aglomerações. Isto representa uma perda de 3638 hectares durante o período de 20 anos. Da mesma forma, em 1972, dos 6766 hectares ocupados por plantações, 6362 hectares estão intactos em 1992 e 415 hectares estão agora ocupados por aglomerações.

Quanto às culturas e amarelos, dënudë solo e aglomëration, aumentaram, cada um, em : 2473 hectares ou 4,06%, 65 hectares ou 0,11%, 1520 hectares ou 2,49%.

Taxa média anual de expansão espacial (T) ou taxa de variação entre 1972 e 1992

O quadro XV apresenta as alterações registadas entre 1972 e 1992.

Quadro 15: Alteração da utilização dos solos entre 1972 e 1992.

Unidades de utilização do solo	Área 1972 (Hectares) S1	Superfície 1992 (Hectares) S2	T1 (%)
Aglomeração	6235,05	7755,25	1,091
Culturas e pousios	6700,40	9173,11	1,571
Culturas de palmeiras e pousios	14634,14	11292,98	-1,296
Relíquias sagradas da floresta	140,82	135,08	-0,208
Formações marinhas	15812,78	15833,74	0,007
Culturas de plantação	6766,45	6361,63	-0,308

Corpos de água	7590,31	7578,92	-0,008
Plantação	3068,17	2752,69	-0,543
Dënudë solo	11,87	76,59	9,322
Total	**60960**	**60960**	**9,628**

S1 = superfície na data 1; S2 = superfície na data 2; T1 = taxa de variação entre as datas de 1972 e 1992.

Este quadro mostra que a área de estudo, no seu conjunto, tem **uma taxa média anual de expansão espacial de "9,628%"**.

De facto, os resultados do cálculo da taxa de variação ou taxa média anual de expansão espacial entre 1972 e 1992 (T1) mostram que ГЛд1отёгайоп, Culturas e Pousios, Formações Marecágeas e Solo Dënudë apresentam um aumento significativo com um T1 respetivo de 1,09%; 1,57%; 0,007%; 9,32% (cor amarela), ou seja, mais de 4078,60 hectares de crescimento num período de 20 meses. Por outro lado, verifica-se um decréscimo acentuado da superfície das culturas de palmeiras e pousios, dos vestígios florestais sagrados, das culturas de plantação, das massas de água e das plantações (cor verde).

4.1.6.2. Matriz de transição entre 1992 e 2012

A Matriz de Transição ilustra, em termos de hectares, a alteração das áreas das classes de ocupação do solo entre 1992 e 2012. De facto, esta matriz de mudanças que é gënërëe pelo cruzamento das cartas de uso do solo de 1992 e 2012 da área de estudo mostra uma evolução ao nível dos diferentes ипкёз de uso do solo (Tabela XVI).

Quadro 16: Matriz de transição entre 1992 e 2012

1992-2012									
	RFS	PL	CJP	CJ	FM	PE	SD	PC	AG	TOTAL 1992
RFS	96	19	0	20	0	0	0	0	0	135
PL	0	1336	1050	0	0	0	0	0	367	2753
CJP	0	115	11048	125	0	0	0	0	5	11293
CJ	0	0	0	5824	0	0	0	3349	0	9173
FM	0	14	0	0	15819	0	0	0	1	15834
PE	0	0	0	0	0	7579	0	0	0	7579
SD	0	0	0	0	0	0	77	0	0	77
PC	0	0	1429	0	5	27	0	3423	1478	6362
AG	0	0	0	0	0	0	0	24	7730	7755
TOTAL 2012	96	1484	13527	5969	15824	7606	77	6796	9581	**60960**

RFS : Reliques de forets sacrees ; *PL* : Plantation ; *CJP* : Cultures et jaches a palmier ; *CJ* : Cultures a plantation ; *FM* : Formations marecageuses ; *PE* : Plans d'eau ; *SD* : Sol denude ; *CP*: Cultures a plantation ; *AG*: Agglomeration

Da leitura desta tabela, verifica-se que dos 135 hectares que as relíquias sagradas da floresta ocupavam em 1992, 96 hectares estão rе31ё8 intactos em 2012, 19 hectares estão agora ocupados por plantações e 20 hectares por culturas e pousios. Assim, as relíquias florestais sagradas perderam um total de 39 hectares num período de 20 anos. **Isto representa um declínio de 0,16%.** Da mesma forma, podemos ver que dos 2753 hectares ocupados pela plantação em 1992, 1484 hectares estão rе31ё8 intactos em 2012, 1050 hectares estão agora ocupados por culturas de palma e pousios e 367 hectares por aglomeração. A plantação perdeu, portanto, um total de 1.269 hectares ao longo de um período de 20 anos, em detrimento das culturas de palmeiras e pousios e da área urbana. **Isto representa uma diminuição de 2,09%.**

Constatamos igualmente que dos 9173 hectares ocupados por culturas e pousio em 1992, 5969 hectares permaneciam intocados em 2012 e 3349 hectares são atualmente ocupados por culturas de plantação. As culturas e o pousio perderam assim um total de 3349 hectares num período de 20 anos para as culturas de plantação. **Isto representa um declínio de 5,26%.**

Por fim, constatamos que as formações húmidas perderam 1 hectare em detrimento das zonas urbanas, que ocupam agora 15824 hectares em 2012 contra 15834 hectares em 1992. **Isto representa um decréscimo de 0,01%.**

As culturas de palma e os pousios, as culturas de plantação, as massas de água e as aglomerações **aumentaram**, cada uma, num período de 20 anos (1992-2012) em : **3,66% ; 0,71% ; 0,05% ; 3%.**

Taxa média anual de expansão espacial (T) ou taxa de variação entre 1972 e 1992 O quadro XVII apresenta as variações de ocupação entre 1992 e 2012.

Quadro 17: Alteração da utilização dos solos entre 1992 e 2012

Unidades de utilização do solo	Superfície 1992 (Hectares) S1	Área 2012 (Hectares) S2	T1 (%)
Aglomeração	7755,25	9581,01	1,057
Culturas e pousios	9173,11	5968,94	-2,149
Culturas de palmeiras e pousios	11292,98	13527,04	0,903
Relíquias sagradas da floresta	135,08	95,83	-1,716
Formações marinhas	15833,74	15824,48	-0,003
Culturas de plantação	6361,63	6795,97	0,330
Corpos de água	7578,92	7606,36	0,018
Plantação	2752,69	1483,77	-3,090
Solo denudado	76,59	76,59	0,000
Total	60960	60960	-4,65

S1 = superfície na data 1; S2 = superfície na data 2; T1 = taxa de variação entre as datas 1992 e 2012.

Este quadro mostra que a **taxa média anual** global **de expansão espacial** na zona Stude **é de "-4,65%"**.

De facto, os resultados do cálculo da taxa de variação ou taxa média anual de expansão espacial entre 1992 e 2012 (T2) mostram que as unidades de uso do solo, nomeadamente : Agglom6ration, Cultures et jaches a palmiers, Cultures a plantation et Plan d'eau present une importante progression avec un taux T2 respectif de 1,057% ; 0,903% ; 0,330%, 0,018% soit plus de 4521,3 hectares de croissance durant une përiode de 20 апёез (couleur jaune).Por outro lado, podemos ver uma diminuição acentuada (cor verde) nas áreas de: culturas e jaclieres, relíquias florestais sagradas, formações de zonas húmidas e plantação.

Para além disso, a unidade de ocupação "Sol dënudë" não sofreu alterações ao longo deste período, com uma taxa T2 de 0,00%.

4.1.6.3. Matriz de transição entre 2012 e 2032

A Matriz de Transição ilustra, em termos de hectares, a futura mudança nas áreas das classes de ocupação do solo entre 2012 e 2032. De facto, esta matriz de mudanças que é gënërëe pelo cruzamento dos mapas de uso do solo de 1972 e 2012 da área de estudo mostra uma evolução ao nível dos diferentes ипкёз de uso do solo ипкёз (Tabela XVIII).

Quadro 18: Evolução ao nível dos vários ипкёз de uso do solo ипкёз entre 2012 e 2032.

	20112-2032								TOTAL 2012
	RFS PL	CJP	CJ	FM	PE	SD	PC	AG	
RFS	16 0	0	80 0		0	0	0 0		96

PL	0	**1484**	0	0	0	0	0	0	0	1484
CJP	0	35	**5988**	6476	0	0	0	0	1028	13527
CJ	0	238	0	**3437**	0	0	0	0	2294	5969
FM	0	0	0	0	**15824**	0	0	0	0	15824
PE	0	0	0	0	0	**7602**	0	4	0	7606
SD	0	0	0	0	0	0	**77**	0	0	77
PC	0	0	0	0	13	0	0	**5459**	1324	6796
AG	0	0	0	0	0	0	0	0	**9581**	9581
TOTAL 2032	16	1757	5988	9993	15837	7602	77	5463	14227	**60960**

RFS: Relíquias de floresta sagrada; *PL*: Plantação; *CJP*: Culturas de palma e pousios; *CJ*: Culturas de plantação; *FM*: Formações de zonas húmidas; *PE*: Corpos de água; *SD*: Solo desnudado; *CP*. Culturas de plantação; *AG*: Aglomeração

Observando esta tabela, podemos ver que dos 96 hectares ocupados por relíquias florestais sagradas em 2012, 16 hectares permanecerão intactos em 2032, enquanto 80 hectares serão ocupados por culturas e charnecas, **o que representa um declínio de 0,13%**.

Do mesmo modo, dos 13 527 hectares ocupados por culturas e palmeirais em 2012, 5 988 hectares permanecerão intactos em 2032, dos quais 6 476 hectares serão ocupados por culturas e palmeirais e 1 028 hectares por aglomerações, o **que representa uma diminuição de 12,37%**.

Além disso, observamos que dos 6796 hectares ocupados por plantações em 2012, 5463 hectares permanecerão intocados em 2032 e 1324 hectares serão оссирёз por аддlотёгайоп8. **Daí uma regressão de 2,19%**.

Por outro lado, notamos que as culturas e piclieres, plantação e аддд^тёгайоиз experimentarão um **aumento** ao longo de um período de 40 anos (2012-2032) de, respetivamente: **6,6%, 0,45%, 7,62%**.

Além disso, deve-se notar que as relíquias das florestas sagradas quase não existirão mais em 2032. De facto, esta ипкё de ocupação do solo ocupava 95,83 hectares ou **0,16%** em 2012, que se tornarão 15,83 hectares em 2032 ou **0,03%** da superfície total da área de estudo. Daí a tendência para o desaparecimento total das relíquias florestais sagradas em 2032.

Taxa média anual de expansão espacial (T) ou taxa de variação entre 2012 e 2032

A Tabela XIX apresenta a evolução da ocupação entre 2012 e 2032.

Tabela 19: Mudança no uso do solo entre 2012 e 2032

Unidades de utilização do solo	Área 2012 (Hectares) S1	Área 2032 (Hectares) S2	T1 (%)
Aglomeração	9581,01	14226,97	1,977
Culturas e bicadas	5968,94	9992,92	2,577
Culturas e palmeirais	13527,04	5988,46	-4,074
Relíquias sagradas da floresta	95,83	15,83	-9,002
Formações marinhas	15824,48	15837,21	0,004
Culturas de plantação	6795,97	5463,22	-1,091
Corpos de água	7606,36	7602,26	-0,003
Plantação	1483,77	1756,54	0,844
Dënudë solo	76,59	76,59	0,000
Total	**60960**	**60960**	**-8,77**

S1 = superfície na data 1; S2 = superfície na data 2; T1 = taxa de variação entre as datas 2012 e 2032.

Este quadro mostra que a área de estudo, no seu conjunto, regista **uma taxa média anual de**

expansão espacial de -8,77%.

De facto, os resultados do cálculo da taxa de variação ou taxa média anual de expansão espacial entre 2012 e 2032 mostram que os ипкёз de uso do solo nomeadamente: Aglomeração, Culturas e pousios, Formações húmidas e Plantação apresentam um aumento significativo com uma taxa de expansão respetiva de 1,977%; 2,577%; 0,004% e 0,844% ou seja uma ocupação de 41813,64 hectares da área total face aos 38980,79 hectares em 2012 (cor amarela). Por outro lado, registou-se uma diminuição acentuada (verde) da superfície das culturas de palma e dos pousios, das relíquias florestais sagradas, das culturas de plantação e das massas de água.

Os resultados também mostram que a unidade de uso do solo "Sol dёnudё" não sofrerá alterações durante o período 2012 - 2032.

4.2. Simulação do estado da utilização dos solos em 2032

A fim de examinar a estrutura, a tendência de mudança e mostrar a involução de 1 cobertura do solo nos próximos vinte ttnnees (20 anos), nós ёкЬогё o mapa de 2032 usando o modёle CA_Markov em IDRISI (Eastman, 2006).

Assim, a previsão do uso do solo em 2032 foi feita com base na transição entre o uso do solo em 1992 e 2012. O resultado da previsão do uso do solo para o ano de 2032 é ilustrado na Figura 39 abaixo.

Nesta data, a ocupação do solo é dominada por aglomerados, culturas e jacliere, culturas de palmeiras e piclieres, culturas de plantação, formações húmidas e massas de água. O quadro XX e a figura 39 ilustram bem esta situação, bem como a distribuição dos diferentes temas.

Quadro 20: Evolução projectada das unidades de utilização do solo em 2032

2032		
Unidades de utilização do solo	**Hectares (Ha)**	**Percentagem (%)**
Aglomeração	14226,97	23,34
Culturas e seminários	9992,92	16,39
Culturas e plantações de palmeiras	5988,46	9,82
Relíquias sagradas da floresta	15,83	0,03
Formações marinhas	15837,21	25,98
Culturas de plantação	5463,22	8,96
Corpos de água	7602,26	12,47
Plantação	1756,54	2,88
Dёnudё solo	76,59	0,13
Total	**60960**	**100**

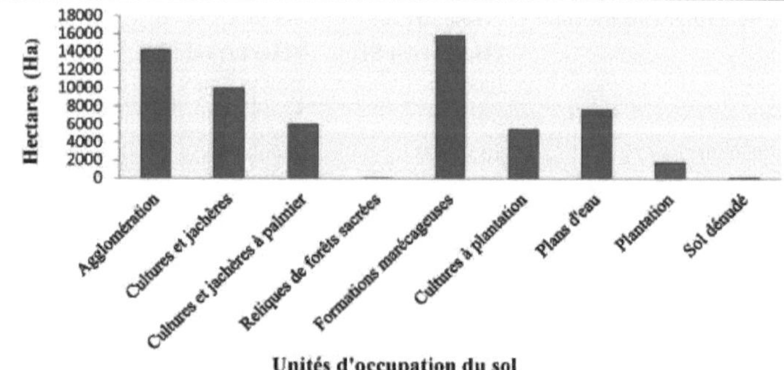

Figura 40: Unidades de utilização do solo em 2032
Fonte: Processamento de dados, 2017

A Figura 39 mostra que, até 2032, o uso do solo será dominado por 6 temas principais:
•   as áreas construídas cobrirão 14226,97 hectares ou 23,34% da região de estudo.
•   As culturas e os pousios cobrirão uma superfície de 9992,92 hectares, ou seja, 16,39% da superfície total.
superfície total.
•   as culturas e o pousio para palmeiras cobrirão uma superfície de 5 988,46 hectares
hectares ou 9,82% da superfície total.
•   as formações de zonas húmidas cobrirão uma superfície de 15837,21 hectares, ou seja, 25,98%.
da zona de estudo ;
•   As culturas a plantar abrangerão uma superfície de 5 463,22 hectares, ou seja, 8,96%.
da área total da superfície.
•   as massas de água cobrirão 7602,26 hectares, ou seja, 12,47% da área de estudo.

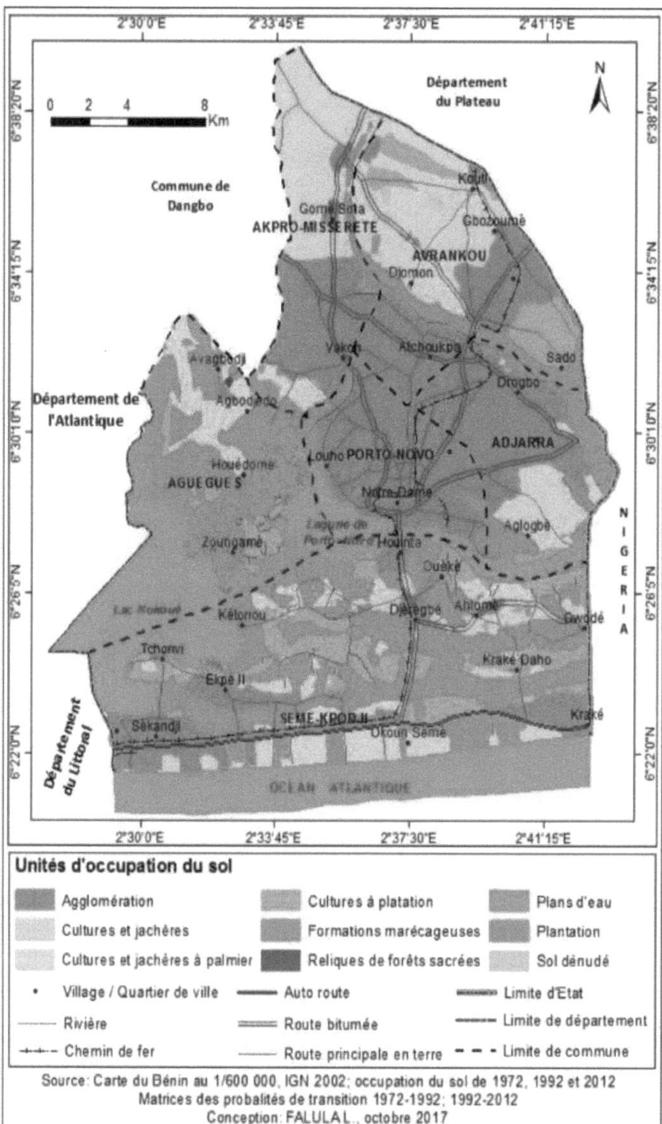

Figura 41: Unidades de utilização do solo

Olhando para esta figura, podemos ver que as áreas de vëgëtations naturais são em particular: as relíquias de florestas sagradas que, em conjunto, constituem uma percentagem de 0,03% da superfície total da área de estudo. Da mesma forma, em relação a este valor, podemos dizer que a área construída representa uma percentagem de 23,34% da área total da área de estudo. Assim, podemos dizer que a superfície da aglomeração, culturas e piquetes, culturas e pousios de palmeiras e culturas de plantação está a aumentar à custa da superfície das zonas de vegetação natural.

4.2.1. Simulação da dinâmica de utilização dos solos entre 2012 e 2032

Entre 2012 e 2032, a tendência geral mostra que haverá uma aceleração das mudanças no uso do solo, especialmente nas áreas agrícolas, áreas de vegetação natural e áreas de floresta. aglomerações (figura 41).

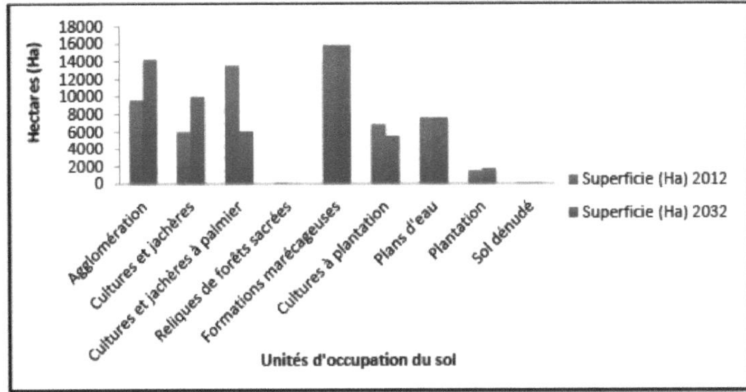

Figura 42: ипкёз utilização do solo entre 2012 e 2032.

Fonte: Processamento de dados, 2017

A figura 41 mostra que entre 2012 e 2032 :

- A aglomeração registará um **aumento de 7,62%**, passando de 9581,01 hectares para 9581,01 hectares.
14226,97 hectares.

- As culturas e a pecuária aumentarão de 5968,94 hectares para 9992,92 hectares, **o que representa um aumento de 6,6%**;

- As culturas e os pousios de palmeiras passarão de 13 527,04 hectares para 5 988,46 hectares, o que representa **uma diminuição de 12,37%**;

- As relíquias florestais sagradas diminuirão **0,13%**, passando de 95,83 hectares para 15,83 hectares.

- As culturas a plantar passarão de 6795,97 hectares para 5463,22 hectares, **o que representa uma diminuição de 2,19%**;

- A plantação **crescerá 0,45%**, ganhando 277,77 hectares;

Não haverá alterações nas formações de zonas húmidas, massas de água ou solo nu durante o período. A Figura 42 mostra o mapa Involution da utilização do solo entre 2012 e 2032.

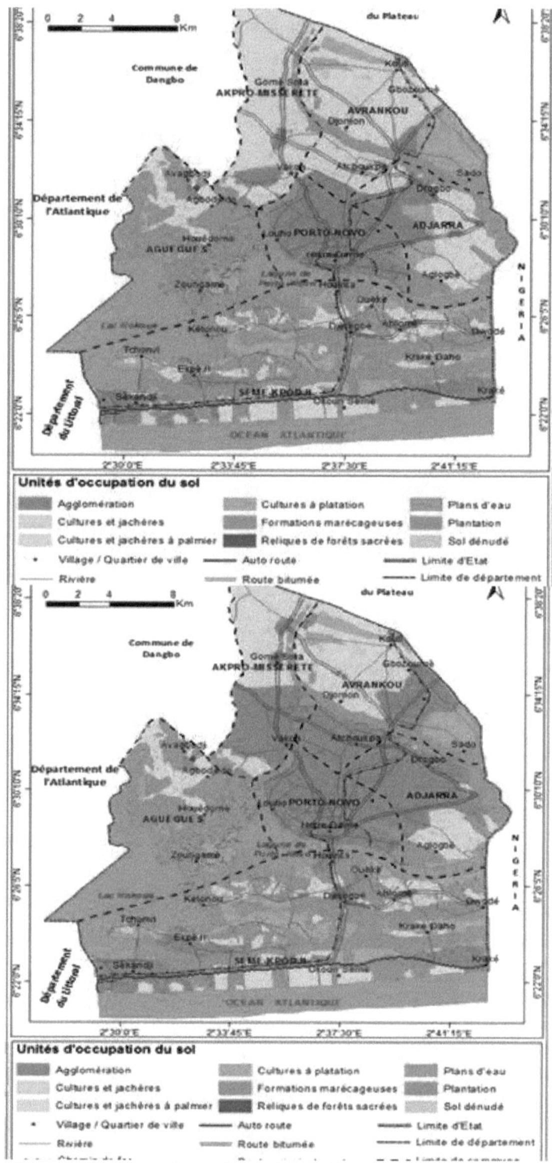

Figura 43: Mapa da mudança de uso do solo entre 2012 e 2032

4.2.2. Resumo da dinâmica de utilização dos solos

O Quadro XXI sintetiza as dinâmicas de ocupação do solo ao longo dos vários períodos estudados.

Quadro 21: Svntliese da dinâmica de utilização dos solos

Përiode UOS	1972-1992	1992-2012	2012-2032
Aglomeração	+	+	+

Culturas e pousios	+	-	+
Culturas de palmeiras e pousios	-	+	-
Relíquias sagradas da floresta	-	-	-
Formações marinhas	estável	Estável	Estável
Culturas de plantação	-	+	-
Corpos de água	estável	Estável	Estável
Plantação	-	-	+
Solo denudado	+	Estável	Estável
Ler: - = diminuição; + = aumento			

Esta tabela mostra que as formações de vëgëtales desaparecerão se a tendência continuar. Da mesma forma, as áreas cultivadas registaram um aumento com a Involução 1 do número de habitantes. As formações vegetais e as áreas cultivadas estão a dar lugar a aglomerações.

As classes que parecem ser as mais estáveis ao longo destas várias datas são: dënudë solo, corpo de água e formações de zonas húmidas.

Ao longo dos períodos 1972-1992, 1992-2012 e 20122032, as zonas de vegetação natural (relíquias florestais sagradas) desapareceram em detrimento das zonas agrícolas (culturas e pica-paus, culturas de palmeiras e pica-paus, culturas de plantação) e das zonas urbanizadas (aglomerados urbanos). Esta situação pode influenciar a intensidade do UHI.

4.3 Tendências demográficas e análise da densidade populacional

Esta secção apresenta a revolução populacional e a análise da densidade populacional no ambiente de investigação.

Nas últimas décadas, as cidades africanas registaram um crescimento demográfico considerável (Amadou, Klissou *et al.*, 2009). Este crescimento está a impulsionar as dinâmicas de ocupação do solo (Tribillon, 1992). A comuna de Porto-Novo e os seus arredores não são exceção a esta realidade.

4.3.1 População de Porto-Novo e arredores

Os resultados do censo realizado em fevereiro de 1992 e publicado em agosto de 1993 mostram uma população de 179.138 habitantes para a cidade de Porto-Novo, o que representa aproximadamente 20% da população do departamento de l'Оиётё e 3,6% da população total de Bёпт. O Atlas monographique des communes du Bёпт publica uma população total em 1999 de 207.190 habitantes. O Recensement Gënëral de la Population et de l'Habitat (RGPH 3) риЬИё em 2002 pelo l'INSAE menciona 223.552 habitantes, dos quais 106.097 homens e 117.455 mulheres. A taxa de crescimento anual da população é de 2,24%, ou seja, uma média de 3.584 nascimentos por ano.

Em 2013, o Recensement Gënëral de la Population et de l'Habitat (RGPH 4) риЫ1ё em 2015 por l'INSAE menciona 264.320 habitantes, incluindo 126.016 homens e 138.304 mulheres. A taxa de crescimento anual da população é de 1,48%.

[2222]A densidade populacional em 1979 é ëvaluëe a 2561 hbts/Km , em 1992 é ëvaluëe a 3036 hbts/кт , em 2002 esta densidade é ëvaluëe a 4471 hbt/Km e em 2013 esta densidade passouëe a 5083 hbts/Km . A figura 40 ilustra melhor esta situação. As etiraeterísticas dessa população a partir do RGPH-4 são apresentadas na Tabela II (página 84) e ilustradas pela Figura 43, que mostra a distribuição Involuntária da população da cidade por distrito.

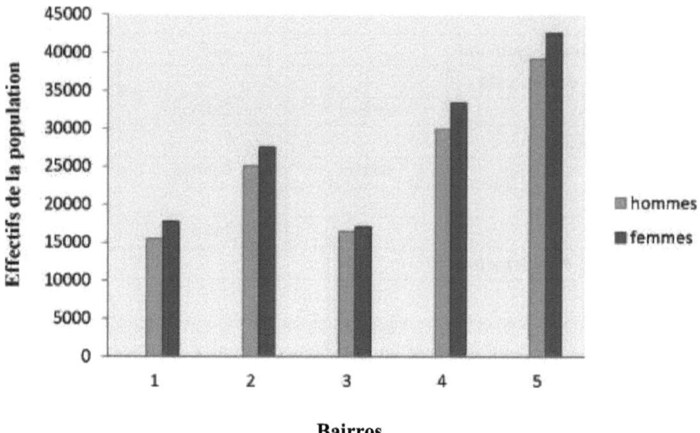

Bairros

Figura 44: Rëpartição da população por Arrondissement.

Fonte: INSAE/RGPH4 (2013)

O gráfico mostra que os bairros 4 e 5 têm as populações mais pequenas, com 63 306 e 8 174 habitantes, respetivamente. Em contrapartida, o arrondissement 1, que se caracteriza pelos seus bairros antigos, tem a população mais reduzida, com 3 316 habitantes.

4.3.2 Projecções demográficas

No que respeita ao crescimento demográfico da cidade de Porto-Novo, há dois períodos principais a considerar. Entre 1961 e 1979, a população de Porto-Novo passou de cerca de 61.000 para 133.163 habitantes, com uma taxa média de crescimento anual ligeiramente superior a 4%.

Durante o período intercensitário (1979-1992), a população passou de 133 168 para 179 138 habitantes, com uma taxa de crescimento média de 2,3%, ou seja, uma média de 3 584 novos habitantes por ano. Esta diminuição da taxa de crescimento deve-se essencialmente à diminuição da contribuição migratória. Em contrapartida, a taxa média de crescimento natural aumentou ligeiramente, passando de 2,9% para 3,4%.

Em 2002, a população era de 223.552 habitantes e de 264.320 (RGPH4, 2013) em 2013, com uma taxa de crescimento de 1,48%.

[2] Em 2032, a população terá aumentado para 349 429, com uma densidade de cerca de 6 720 habitantes/km (figura 44).

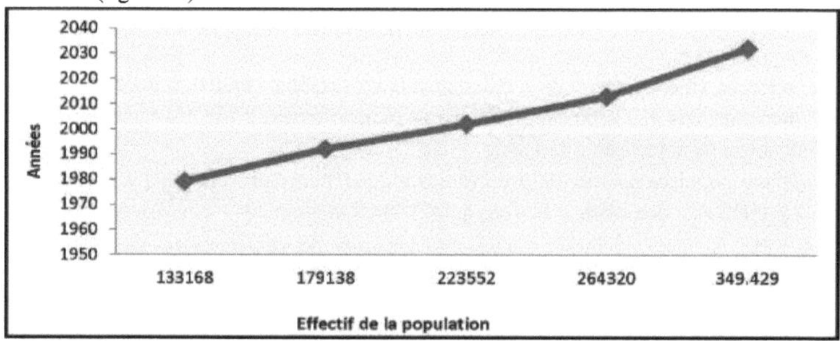

Figura 45: Tendências da população em Porto-Novo de 1950 a 2020 e projeção para 2032

Fonte: INSAE/RGPH4 (2013)

Este gráfico mostra claramente a evolução gradual da demografia de Porto-Novo. Este crescimento populacional está a ter um impacto no uso do solo no concelho^.

Seguindo o exemplo da revolução demográfica observada em Porto-Novo, as comunas circundantes seguem praticamente as mesmas tendências. As figuras 45 a 54 ilustram a situação demográfica de Akpro-Misserite, Avrankou, Adjarra, Agudguds e Seme-Podji, respetivamente.

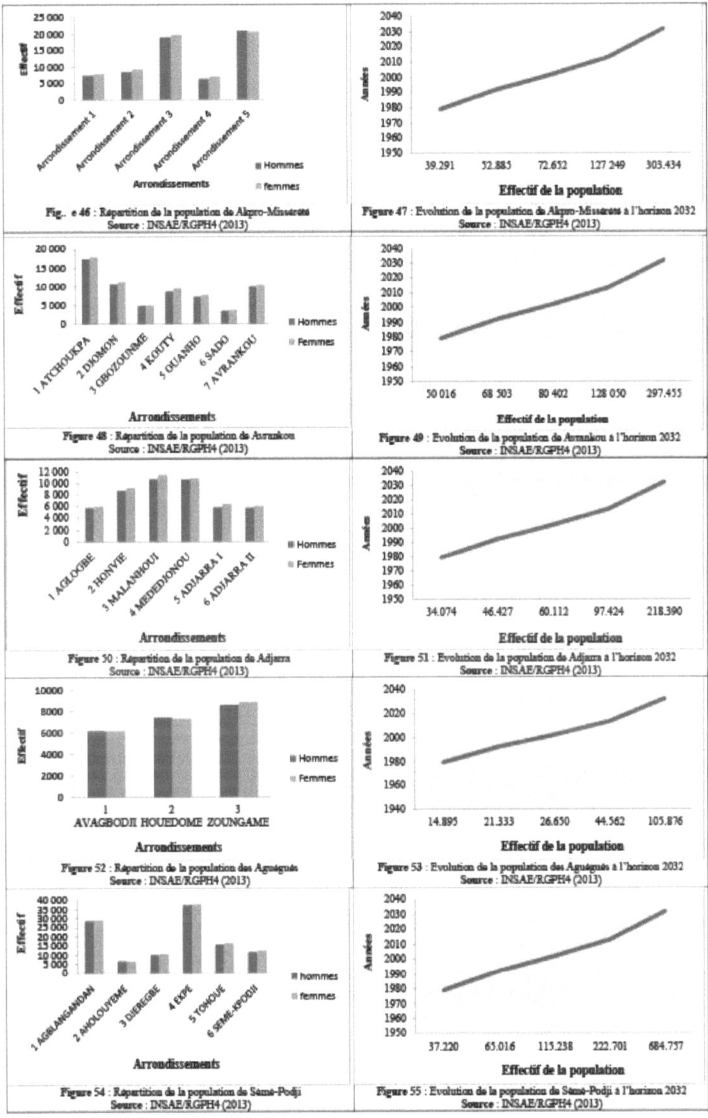

Placa 1: Evolução da população nos municípios ribeirinhos

A análise de todos estes gráficos leva a compreender que o Гаддlотёгайоп urbano de Porto-Novo, incluindo as comunas circundantes e mesmo o spëcialement lacustre, conheceu uma evolução sustentada desde a década de 1950. De acordo com as estimativas, as comunas de Porto-Novo, Лкрго-М188ёгёlё, Avrankou, Adjarra, Адиёдиёз e Sëmë-Podji terão 349.429; 303.434; 297.455; 218.390; 105.876 e 684.757 habitantes, respetivamente, até 2032. Este crescimento populacional tem um impacto na ocupação do território municipal^.

4.3.3 Evolução da densidade populacional no concelho de Porto-Novo e arredores em 1979, 1992, 2002, 2013 e 2032

As cartas de densidade populacional (figs. 55 a 59) ilustram claramente a evolução progressiva do crescimento demográfico no concelho de Porto-Novo e arredores. Analisando esta evolução com a das aglomerações, verifica-se que a superfície das áreas construídas aumentou consideravelmente, tal como a população, em detrimento das formações naturais.

Uma análise transversal dos valores mostra que a cidade de Porto-Novo desempenha um papel muito importante na distribuição das densidades observadas. [2]Em 1979, esta cidade apresentava uma densidade média de 1653 hab/km , com uma população superior a 130.000 habitantes. Observando a distribuição das áreas cor de laranja, verifica-se que o aglomerado de Porto-Novo é mais colorido e, portanto, mais densamente povoado. Esta tendência mantém-se, com uma progressão e um alastramento para os outros concelhos circundantes, que também viram a sua população aumentar consideravelmente.

[222]À luz destas conclusões, a projeção da densidade para 2032 também mostra uma tendência ascendente, com as cidades de Porto-Novo, Лкрго-М188ёгёlё e Sëmë-Podji a liderar o caminho, com densidades que atingem 6720 hbts/km , 3841 hbts/km e 2739 hbts/km, respetivamente.

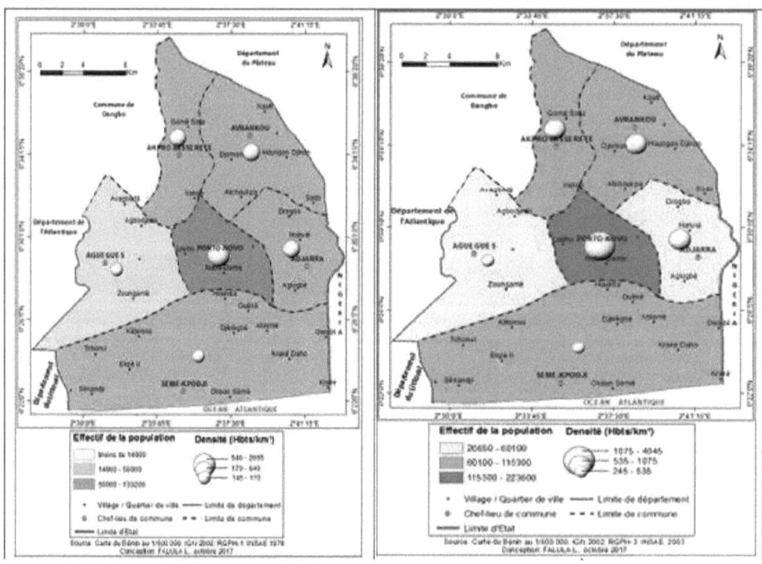

<u>Figura 56: Mapas de densidade populacional em 1979</u>
Figura 57: Mapas de densidade populacional em 2002

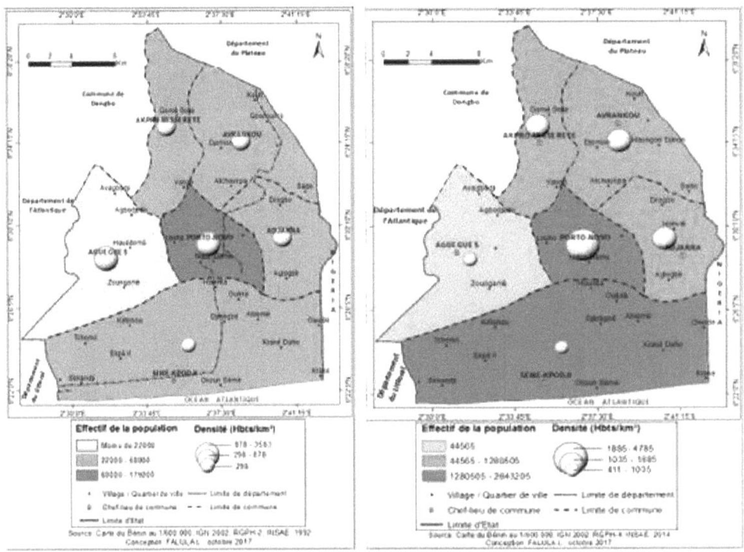

Figura 58: Mapas de densidade populacional em 1992
Figura 59: Mapas de densidade populacional em 2013

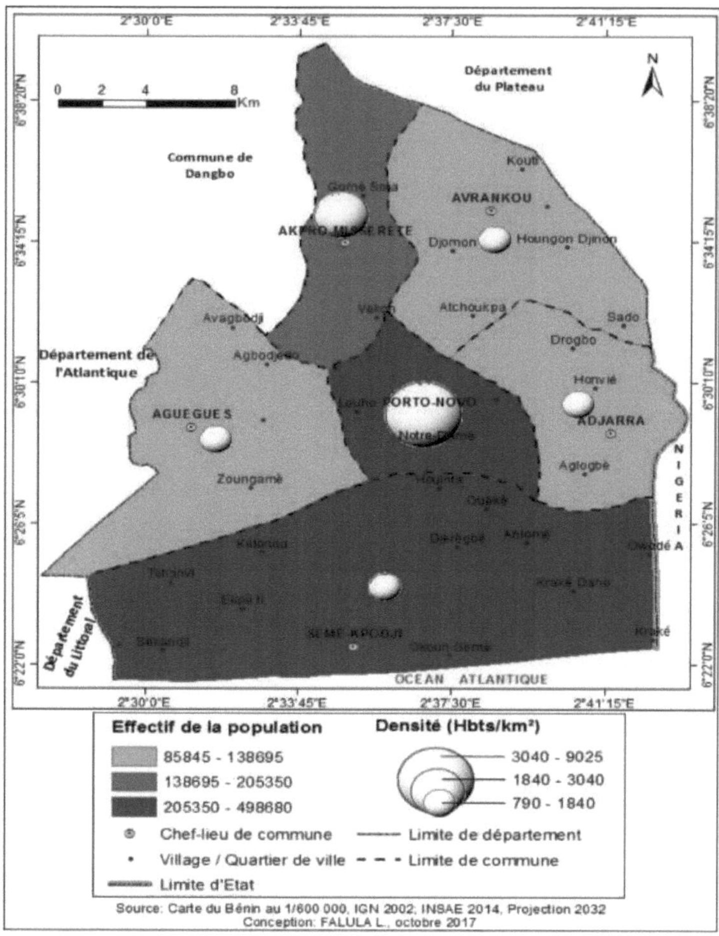

Figura 60: Mapas de projeção da densidade populacional para 2032

Correlação entre unidades de uso do solo e densidade populacional

O quadro XXII apresenta os coeficientes de correlação calculados entre os UOS.

Quadro 22: Correlação entre UOS

Unidades de utilização do solo	Coeficiente de correlação	Probabilidade
Aglomeração	0.993	**0.001**
Culturaspielieres	0.543	0.457
Culturas de palma de mel	-0.881	0.119
florestas_sagradas	-0.999	**0.001**
Marecagens	0.656	0.344
Cultivo de uma plantação	-0.855	0.144
Lago	0.638	0.362
Plantação	-0.715	0.285
Dënudë solo	0.523	0.477

Lendo a Tabela XXII, notamos que os адд1отёгайопз apresentam uma correlação positiva significativa com a dëmografia, o que significa que a área das aglomërações aumentouë com a dëmografia. A correlação da dëmografia com as florestas sagradas também é significativa, mas negativa, o que significa que a área de florestas sagradas tem rëgressë significativamente de 1979 a 2012 com 1 aumento populacional no mesmo përiod.

Os outros valores do coeficiente de correlação não são significativos. No entanto, nota-se uma regressão nas áreas da maioria dos ипкёз de ocupação com o crescimento dëmográfico observado de 1979 a 2012 exceptë para marecagens, corpos d'água e dënudës de solos.

4.4. Discussão

Este estudo permitiu evidenciar as dinâmicas de mudança no concelho de Porto-Novo e arredores durante os períodos de 1972 a 1992, 1992 a 2012 e 2012 a 2032. O estudo mostra que as zonas de vegetação natural, ou seja, as relíquias florestais sagradas, estão a desaparecer em detrimento das povoações, das plantações e das culturas diversas. Por outras palavras, é a expansão desmesurada da Comuna de Porto-Novo e dos seus arredores que está a controlar a evolução da paisagem na zona envolvente. A força motriz desta expansão é essencialmente o crescimento demográfico.

Segundo o INSAE (2014), a densidade populacional do concelho de Porto-Novo e dos concelhos limítrofes apresenta o mesmo padrão de evolução, ou seja, um crescimento essencialmente exponencial. [22222]Em 1979, a densidade populacional de Porto-Novo estava estimada em 2561 habitantes/km , em 1992 estava estimada em 3036 habitantes/km , em 2002 estava estimada em 4471 habitantes/km e em 2013 tinha subido para 5083 habitantes/km Em 2032, a população está estimada em cerca de 349 429 habitantes, com uma densidade de cerca de 6720 habitantes/km .

O aumento constante da população exerce uma pressão considerável sobre os recursos naturais e, em muitos casos, conduz à sua degradação e esgotamento. Por outras palavras, o estudo mostra que o espaço natural desaparece com o tempo e as áreas cultivadas aumentam com o crescimento da população.

Estes resultados confirmam os de Fangnon *et al* (2013) no departamento de Couffo no Benim, os de Tente *et al* (2011) nas comunas de Glazoud e Dassa-Zoumd no centro do Benim e os de Djohy *et al* (2016) na comuna de Sinende no norte do Benim. Os seus resultados mostram que a pressão exercida pela população sobre o coberto vegetal, ou seja, a pressão demográfica, que se reflecte na intensidade das actividades humanas em geral e das actividades agrícolas em particular, é a principal causa da degradação do coberto vegetal. Do mesmo modo, Aminata (2006) demonstrou no seu trabalho que a urbanização rápida da região de Dakar alterou quase todas as zonas naturais, incluindo os lagos e a vegetação natural. MOUSSA (2006) demonstrou que a atividade humana é responsável pela degradação do ambiente. OUSSEINI (1994) demonstrou que a concentração humana é função da disponibilidade dos recursos naturais e que a dinâmica demográfica constitui uma ameaça real para os mesmos.

Os trabalhos de Taibou Ba e Dieynaba Seck. (2012) em Sdndgal indicam uma tendência geral para a artificialização da zona matrializada através da extensão progressiva das zonas agrícolas, da salinização dos terrenos, da perda da vegetação natural, nomeadamente dos mangais que desempenham um papel determinante, sem esquecer o aumento da população. As mesmas observações foram feitas na comuna de Djougou, no Benim (Leroux L., 2012), com a expansão das zonas de cultivo e das zonas urbanas a fazer-se à custa das zonas de vegetação natural densa (floresta densa aberta, floresta de galeria, floresta de classeg), que estão a sofrer um declínio acentuado. Este facto confirma os resultados dos trabalhos realizados no norte da Costa do Marfim por Tanina *et al*, (2013), e na cidade de Niamey e na sua përiphërie por Sanda Gonda H. (2010).

Isto pode ser explicado pelo facto de a utilização destas áreas permitir bënëflcier novas terras férteis e, assim, aumentar a produção agrícola. Por outras palavras, existe uma pressão crescente sobre os recursos naturais, impulsionada, em particular, pelo rápido cultivo das áreas de vëgëtação natural, a fim de satisfazer as necessidades alimentares de uma população em crescimento (Leroux L., 2012; Tanina D. et *al.*, 2013; Sarr, 2009).

É, portanto, necessário poder estimar as variações espácio-temporais do uso do solo. Neste sentido, o acompanhamento regular das mudanças de uso do solo, como foi feito neste estudo, mostra que o uso do solo é uma variável fundamental na gestão ambiental e na compreensão do seu funcionamento em relação aos factores climáticos.

Deste modo, a dinâmica da utilização dos solos depende da evolução demográfica da população e da sua densidade.

Devem, pois, ser adoptadas medidas alternativas para limitar a degradação do ambiente e assegurar a sobrevivência das gerações futuras. A gestão racional do espaço é, por conseguinte, essencial.

Conclusão parcial

Tendo em conta os resultados obtidos, verificámos que a ocupação do solo apresentou alterações muito significativas ao longo das diferentes datas: 1972, 1992, 2012 e 2032. Podemos verificar que as unidades de uso do solo mais difundidas são as culturas de palmeiras e pousios, culturas e pousios, culturas de plantação , zonas húmidas, massas de água e aglomerados, que ocupavam mais de 94,72% da área total em 1972, 95,94% em 1992 e 97,29% em 2012. Em 2032, estas classes ocuparão mais de 96,96% da superfície total.

Por último, uma análise visual dos diferentes mapas de ocupação do solo mostra que as principais alterações são as seguintes:

a)   a expansão de áreas construídas ou de aglomerações urbanas ;

b)   o declínio e mesmo o desaparecimento de relíquias florestais sagradas;

c)   a evolução das culturas de palmeiras e dos pousios ;

d)   culturas e pousios

e)   crescimento das culturas de plantação

As classes que parecem ser as mais estáveis ao longo das diferentes datas são: terra nua, água e formações húmidas.

Durante os diferentes períodos 1972-1992, 1992-2012 e 20122032, as áreas de vegetação natural (relíquias de florestas sagradas) desapareceram em detrimento das áreas agrícolas (culturas e ptclieres, culturas de palma e ptclieres, culturas de plantação) e das áreas construídas (aglomerados). Estes diferentes resultados permitem-nos concluir que a hipótese 1, ou seja, que o uso do solo sofre uma evolução essencialmente progressiva no concelho de Porto-Novo e arredores, é vëriflëe. No capítulo seguinte, determinaremos a influência da densidade de edificação e dos espaços verdes na variação do UHI entre 2001 e 2015.

CAPÍTULO V: DENSIDADE DE CONSTRUÇÃO E PAPEL E INFLUÊNCIA DOS ESPAÇOS VERDES NA ICU

Os resultados apresentados nos capítulos anteriores demonstram as ligações entre a dinâmica de utilização dos solos e o crescimento da população urbana. A densidade das áreas construídas também deve seguir o mesmo padrão. Neste capítulo, portanto, o objetivo é caraterizar a densidade de construção e o papel e influência dos espaços verdes na UHI.

5.1. Critérios que reflectem a densidade dos edifícios

São definidos critérios espaciais para caraterizar os tipos de densidade de construção na área de estudo. Assim, os diferentes tipos de habitação que se encontram frequentemente nos vários bairros/aldeias da nossa área de estudo, com diferentes culpas e estatutos administrativos, localizados em diferentes áreas geográficas, podem ser classificados de acordo com três graus simples de densidade de construção (baixa, média e alta densidade), medidos à escala da parcela ou do quarteirão (Ringenbach, 2004). A Tabela XXIII apresenta as caraterísticas físicas dos diferentes tipos de habitação na área de estudo e as suas densidades de construção, estimadas com base em plantas.

Quadro 23: Caraterísticas físicas dos diferentes tipos de habitações na área de estudo e a sua densidade de construção estimada com base nas plantas

Grau de	Tipos de habitações e conjuntos habitacionais que se encontram habitualmente nos vários bairros/aldeias da área de estudo	Principais caraterísticas espaciais específicas de alguns dos empreendimentos residenciais do grupo
Baixa densidade de construção	1. Conjuntos habitacionais 2. Conjuntos habitacionais suburbanos 3. Outros bairros sociais e cooperativas 4. Habitações geminadas ou de vários andares, cidades e aldeias de média dimensão 5. Cidades de média e pequena dimensão : 6. Habitação ou casas individuais com uma determinada forma 7. Moradias ou casas isoladas ao longo de estradas principais 8. Habitações clandestinas (bairros de lata), na periferia dos grandes bairros	1. Casas isoladas em grandes lotes com jardins, construídas em lotes abertos muito grandes ou casas isoladas no seu próprio lote, não contíguas a edifícios adjacentes, grandes espaços exteriores, estradas semi-privadas. 2. Subdivisões com habitações unifamiliares isoladas ou geminadas construídas em torno de grandes entradas de automóveis. 3. Edifícios relativamente baixos, parcelas de grandes dimensões. 4. Edifício de 2 pisos, acessos individuais ou partilhados, pequena área de implantação. 5. Parcelas com formas trapezoidais longas e frentes estreitas que impossibilitam a construção de uma segunda linha. 6. O edifício é recuado em relação à faixa de rodagem, deixando um grande espaço para servidões. 7. Parcelas muito pequenas, tecido muito apertado, ruas estreitas. 8. Habitações colectivas, não ligadas umas às outras, afastadas das estradas, em torno de grandes espaços vazios
Densidades médias	1. Zonas de reinstalação e bairros de habitação informal. 2. Grandes bairros sociais recentes e a periferia da cidade. 3. Alojamento coletivo. 4. Casas de cidade nos grandes centros urbanos ou na sua proximidade. 5. Complexos habitacionais de grande altura ao longo dos principais eixos urbanos.	1. Casas construídas ao longo de ruas estreitas, extensões altas, quarteirões compridos. 2. Desenvolvimento urbano vertical, desaparecimento da grelha de parcelas, disposição descontínua de grandes edifícios, grandes espaços abertos, com as faixas de rodagem a constituírem a maior parte do espaço livre. 3. Grupo de habitações, disposição descontínua, afastadas da estrada. 4. Casas geminadas, de um só piso, ao longo das ruas, com actividades comerciais integradas. 5. Habitações unifamiliares em ordem contínua na rua.

	1. Novos empreendimentos de habitação de promoção e habitação social participativa, próximos dos grandes centros urbanos e das cidades 2. Grandes complexos coloniais	1. Edifícios recentes de habitação colectiva alinhados com as ruas limítrofes do quarteirão, casas de quinta ou semi-fazendas. Casas tradicionais, introvertidas em torno de pátios abertos ou parcialmente convertidos, ruelas estreitas e sinuosas, por vezes cobertas, becos sem saída de acesso às habitações, algumas ruas principais, também pedonais, onde se concentram as actividades públicas, tecido urbano apertado e denso. 2. Tecido urbano de estilo colonial, com uma proliferação de edifícios geminados; estes blocos de apartamentos são uniformes em altura (R+5 + por vezes sótão).

Fonte: (SAS.Planet) e vistas do Adriático (Google Earth)

A питёпзайоп dos edifícios resultou em polígonos cuja área é а1зётеп1 сагас1ёпзёе e exprimёe. A Figura 60 mostra uma visão geral da janela питёпзайоп em

1 Aplicação Google Earth.

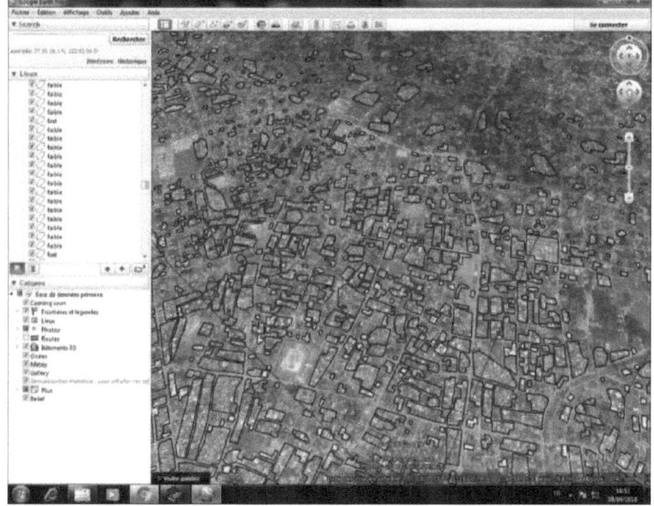

Figura 61: Numeração de edifícios no Google Earth Pro

Fonte: Falolou, abril de 2018

Notamos que existem diferentes possibilidades de construção de habitações individuais e colectivas, sendo que o tipo de habitação e o número de pisos nem sempre determinam uma verdadeira "alta densidade"; certas formas de habitação individual podem ser densas. Deve também notar-se que a densidade construída de complexos residenciais constituídos por habitação informal ou conjuntos habitacionais, moradias em banda, habitação tradicional (...) catёgorisёs de tipos individuais, tendo um número médio de pisos Нткё 2 ou 3, dё ultrapassar as densidades da maioria dos blocos de apartamentos, incluindo os ctiraclenstint 1 urbanisme vertical de la pёriode postcoloniale (Centro de Porto- Novo) et notamment recente, constit^ par 1 implantation discontinue de grands immeubles (Hotels, administration) avec espaces ouverts importants.

5.2 Cartografia digital dos edifícios

O levantamento dos edifícios existentes em 1 empresa da nossa área de estudo permitiu obter os mapas abaixo. Estes mapas representam os edifícios питёпзёз no concelho de Porto-Novo e arredores. Por outras palavras, existe uma concentração de edifícios de diferentes densidades.

Observamos um Ьё1ёгодёпёкё de habitats, em relação à medida de 1 intensidade de uso do solo de cada comuna na área de estudo.

Assim, com base nos dados deste estudo, foi possível identificar 3 classes de densidade de construção no nosso ambiente árido (Tabela N°):
- ^{2}baixa densidade: < 14 lotes / Km ;
- ^{22}densidade média: entre [15 lotes / Km - 39 lotes / Km]
- alta densidade: > 40 lotes / Km^2

A leitura dos diferentes mapas permite constatar que todas as comunas, à exceção de Aguegue, apresentam as 3 classes de densidade, o que significa que estas comunas estão a sofrer uma transformação espacial importante. Precisamente, esta densidade foi cartografada em função de cada comuna e a sua análise mais pormenorizada permitiu compreender as tendências evolutivas de um ponto de vista local.

o **Porto-Novo**

A análise da densidade de Porto-Novo revela que a comuna de Porto-Novo é densëment batida (Figura 61). No entanto, existem algumas bolsas isócicas que constituem uma exceção. Estas correspondem às superfícies dëpressionárias localizadas em torno de Djassin (depressão de Zounvi), Louho e Dowa (depressão de Boë), Agbokou (depressão de Donoukin) e em torno da margem da lagoa na saída sul de Porto-Novo.

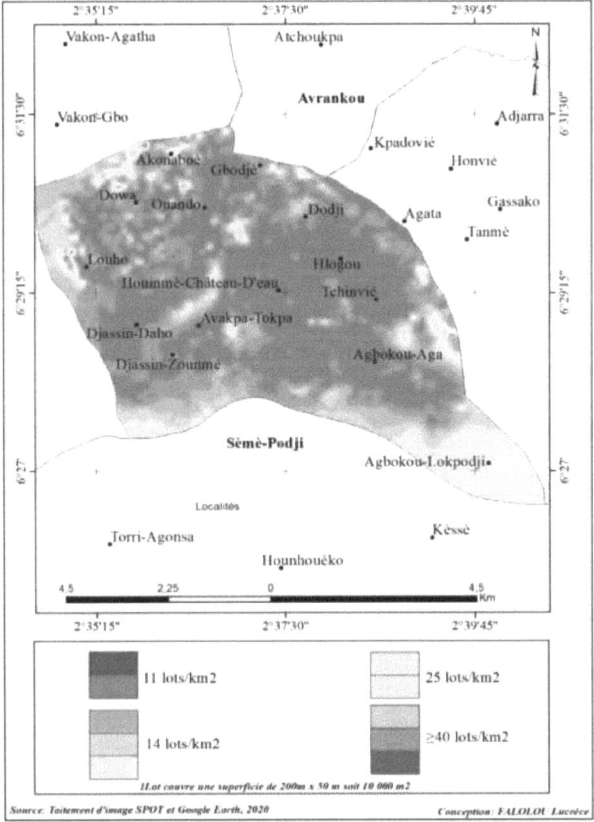

Figura 62: Estaleiro de construção em Porto-Novo

Além disso, deve-se notar que esta alta densidade ображёe parece impactar o пёпрьёпе Norte

99

desta capital, particularmente em direção às comunas de Avrankou, Adjarra e Akpro- M188ёrёlё.

o **Avrankou**

A comuna de Avrankou tem duas grandes áreas de alta densidade: uma no sul em torno de Atchoukpa e a segunda no nordeste em torno das localidades de Gbëtchou, Dangbodji e Ahigon (Figura 62).

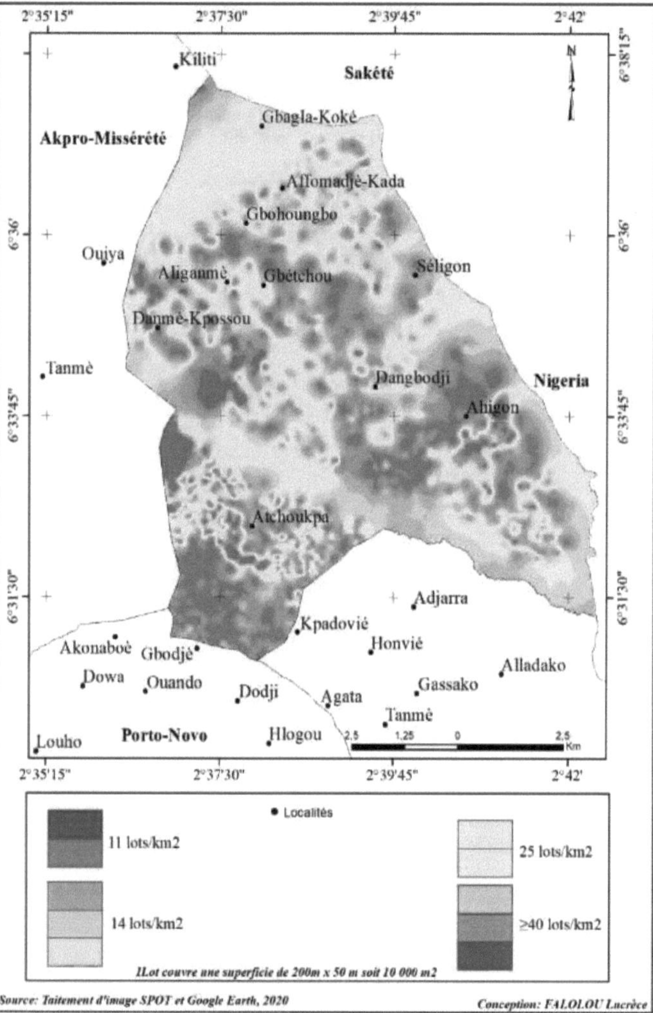

Figura 63: Densidade de edifícios em Avrankou

A área coberta pelas praias de alta densidade ocupa cerca de 50% da superfície total, enquanto as zonas de média densidade cobrem 35% da superfície total e as zonas de baixa densidade 15%.

o **Adjarra**

A comuna de Adjarra, contrariamente à de Avrankou, partilha uma grande parte dos seus limites com as outras comunas.

Oeste com a capital (Figura 63).

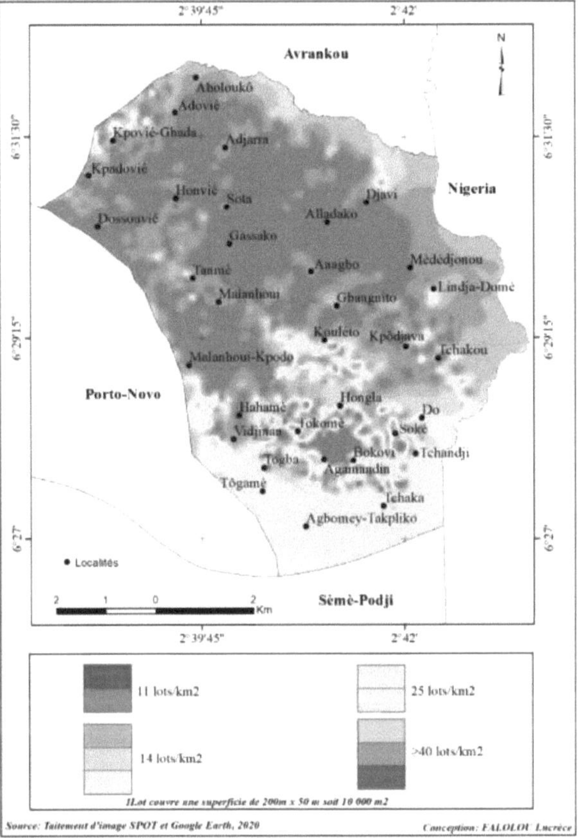

Figura 64: Densidade de edifícios em Adjarra

A tendência observada em Porto-Novo parece estender-se naturalmente para Adjarra, onde mais de metade da área é de alta densidade. Apenas a parte sul deste concelho apresenta uma tendência de baixa densidade de construção.

o **Caso Misserete**

Este município, que se estende de sul a norte, faz igualmente fronteira com Porto-Novo (Figura 64).

101

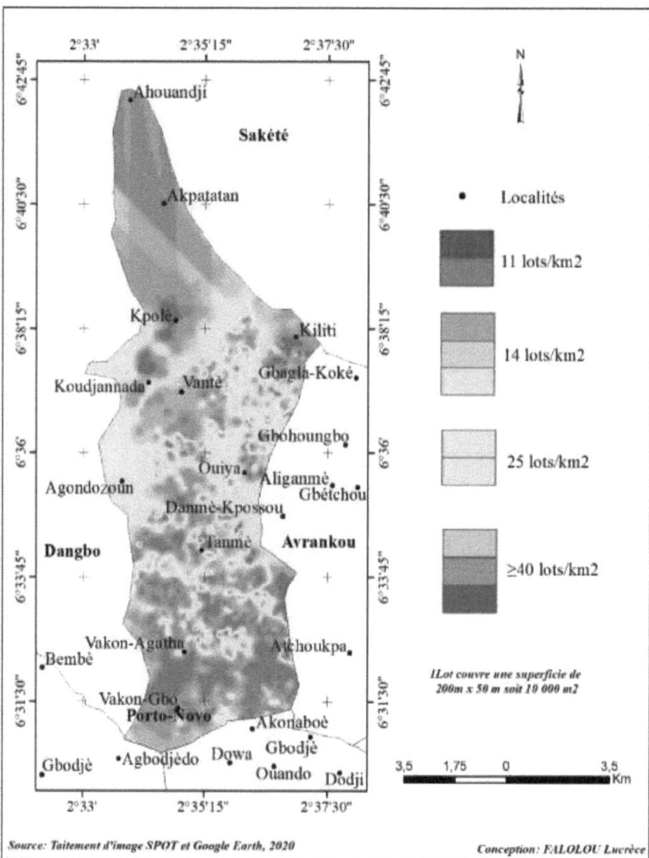

Figura 65: Densidade de edifícios a Akpro-Missdrdtd

A tendência observada entre Adjarra e Porto-Novo parece repetir-se aqui, uma vez que a elevada densidade observada em Porto-Novo se estende a grande parte da parte sul deste município. Se a tendência se mantiver, a última parte norte (um terço da superfície do município) será mais densamente povoada.

corre o risco de ser apanhado. É importante notar, no entanto, que existem algumas bolsas de baixa densidade, nomeadamente no centro.

o Seme-Podji

A comuna de Seme-Podji, situada na planície costeira, apresenta um traçado espacial bem direcionado tendo em conta a natureza morfológica do sítio (Figura 65).

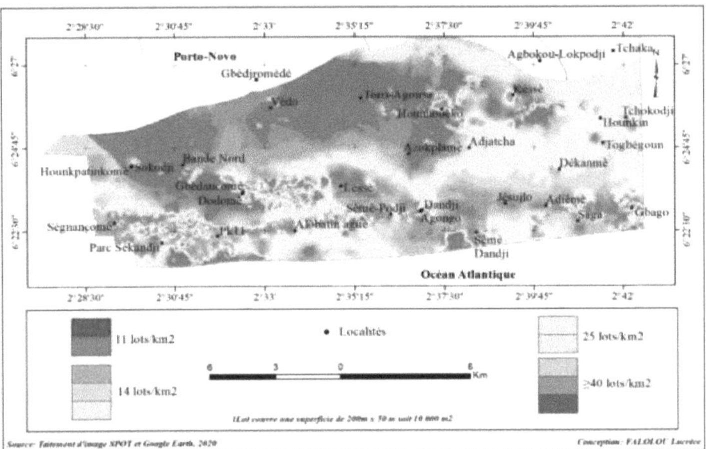

Figura 66: Densidade de edifícios em Seme-Podji

De facto, observando a distribuição espacial das zonas coloridas que fornecem informações sobre a densidade, verifica-se que as povoações se situam em faixas costeiras delimitadas por depressões pantanosas. A parte mais densa situa-se a sul e é mais ou menos descontínua (Sekandji, pk11, Podji saga,). A parte menos densa encontra-se a noroeste da figura 65 (Tori-Agonsa).

o **Caso Aguegues**

A comuna de Agudguds tem uma baixa densidade de casas ao longo da lagoa, com a caraterística distintiva de casas sobre palafitas (Figura 66).

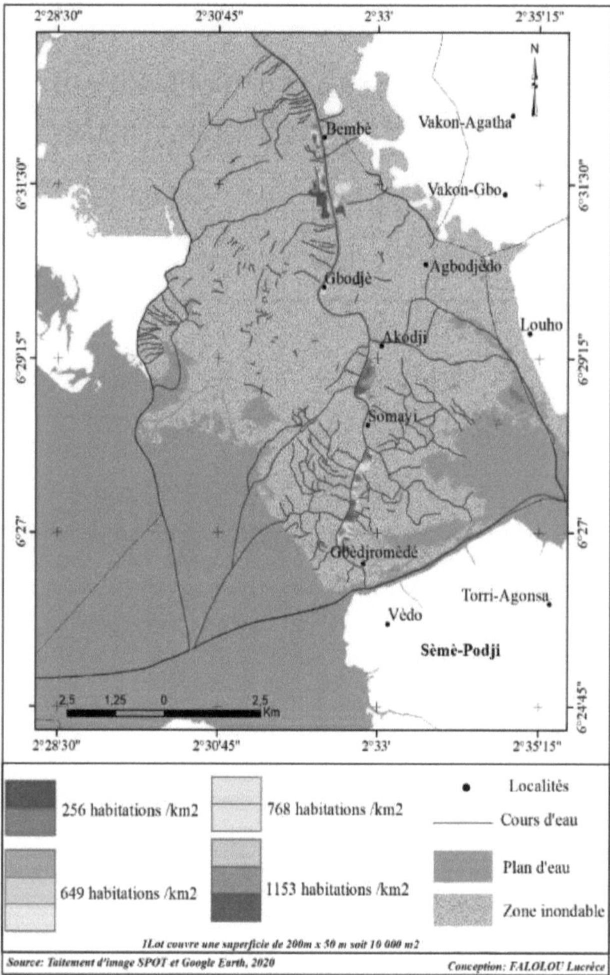

Figura 67: Densidade de edifícios em Лдиёдиёз

Se observarmos a figura acima, podemos ver áreas de densidades variáveis seguindo uma distribuição linear. Estas zonas são particularmente densas no sul do concelho.

Em termos gerais, a nossa área de estudo é densamente povoada, com um agrupamento apertado de edifícios em locais que não favorecem a fácil circulação do vento, por um lado, e, por outro, alguns edifícios altos que criam canhões urbanos (Figura 68). As densidades de construção elevadas distribuem-se espacialmente a sul, por um lado, e do centro para norte, por outro. Estes resultados confirmam que a densidade da área de estudo está a sofrer uma evolução gradual em função da dimensão da sua população.

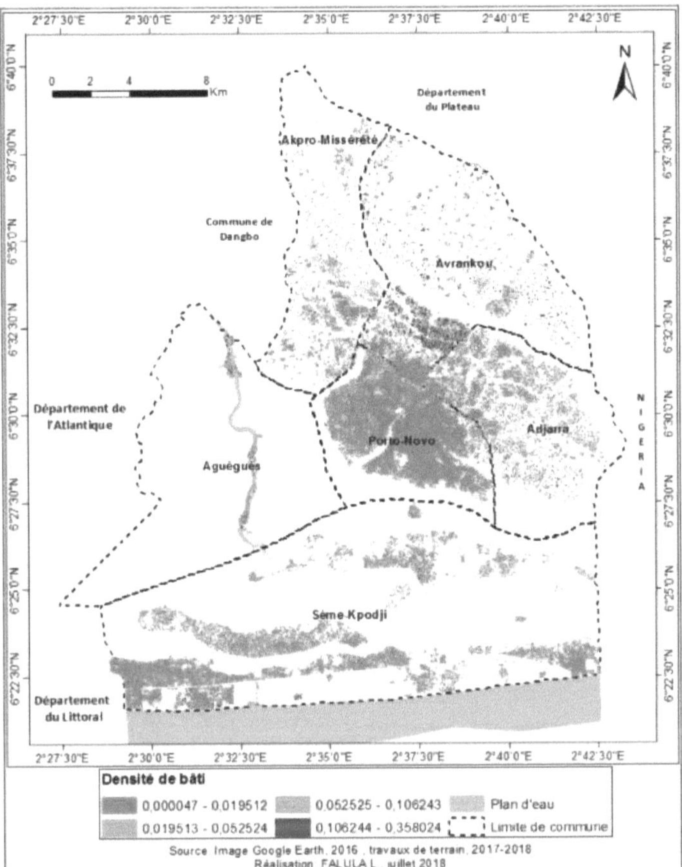

Figura 68: Expansão da construção em Porto-Novo e na zona envolvente

5.3 Caracterização dos espaços verdes, seu papel e influência na UHI

5.3.1 Mecanismos de ação da vegetação sobre os pilotos de calor urbano

Para contrariar alguns dos dësagrëments e inconvenientes do contexto urbano atual, a presença de yëdëlaйопo desempenha um papel não iiegligeaNe, mesmo indispensável. Eles têm múltiplos bënëfices. De facto, os muitos benefícios dos vëgëtais de origem vegetal já não precisam de ser provados; no entanto, continua a ser relevante destacar os seus principais contributos ao nível do ambiente e das populações.

5.3.2 Contribuição da JPN Porto-Novo para a purificação e a melhoria da qualidade do Par

A biomassa aérea total do jardim botânico de conservação (Jardin des Plantes et de la Nature (JPN)) na cidade de Porto-Novo é estimada em 92771 t/ha e a do sítio 2 (o sítio de armazenamento) é estimada em 67470 t/ha. Estas biomassas de aërienne são os reservatórios de carbono na vëgëtação do jardim botânico. A Tabela XXIV mostra o estoque de carbono na biomassa aërial dos dois sítios do jardim botânico.

Tabela 24: Stock de carbono na biomassa aërial dos dois sítios JPN.

	Local 1 (estufa)	Sítio 2 (zona de relaxamento)
Biomassa total (t/ha)	92771 t/ha	67470 t/ha

Carbono armazenado (t C/ha)	463,9 t C/ha	337,4 t C/ha

Fonte: Trabalho de campo (dezembro de 2017)

A partir deste quadro, podemos dizer que o stock de carbono na biomassa aërienne do conservatório (sítio 1) do JPN é superior ao do sítio 2 (área de dëtente). Isto pode ser explicado pelo facto de o sítio 1 (conservatório) da JPN ser mais rico em espécies vegetais do que o sítio 2 (área de exploração). De facto, o sítio 1 contém mais de 200 espécies de vëgëtalas tropicais e aclimatadas, enquanto o sítio 2 contém apenas 167 espécies. Da mesma forma, todas as diferentes espécies de vëgëtalas no sítio 2 também se encontram no sítio 1 (conservatório). Além disso, as árvores rëpertoriës (137 no total) têm uma altura média de 14,81 m com uma circunferência média de 1,38 m (anexos).

Assim, em termos gerais, quanto mais árvores existirem, maior será o qmmtite de carbono emumigasin, o que conduz facilmente a uma redução dos gases com efeito de estufa. Por outro lado, estes vëgëtais funcionam como absorventes de poluentes gasosos (NOx, ozono, CO2, COVs, etc.). ***Daí a justificação das funções clorofiladas e antipoluição dos espaços verdes.*** De facto, estas funções são asseguradas pela energia luminosa do sol e pela clorofila das folhas. Ao consumir o dióxido de carbono do ar, as árvores produzem a sua própria matéria e libertam oxigénio. Isto torna-as verdadeiros oásis de frescura. Além disso, as árvores lançam sombra sobre o solo, o que reduz o calor potencial que as minëralisëes de superfície podem absorver e ajuda a proteger a população da luz solar direta (Vergriete e Labrecque, 2007). Esta sombra reduz a quantidade de calor que os edifícios, estradas e outras estruturas podem absorver e libertar mais tarde (Gendron-Bouchard, 20 13), e proporciona às pessoas locais para fazerem uma pausa fresca nos dias quentes de verão (Allain, 2004). Por último, as árvores e outras plantas altas actuam como sombras naturais, bloqueando e filtrando alguns dos raios ultravioleta antes de atingirem o solo e a atividade humana (Vergriete e Labrecque, 2007).

As folhas também retêm poeira e outras partículas na sua superfície. Numa rua plantada, há quatro vezes menos poeira do que numa rua não plantada; isto pode representar quase 100 quilogramas de poeira retidos por cada árvore todos os anos (Abbey, 1993). As folhas limpam o ar ambiente ao reterem microrganismos misturados com o pó. São também capazes de absorver e utilizar certos poluentes gasosos (monóxido de carbono, dióxido de azoto) (Richard, 2006).

As árvores, em particular, e a vegetação, em geral, desempenham um papel na atenuação do ruído, nomeadamente no caso de grandes telas arborizadas (Tossou, 2007).

Através da sua transpiração, as árvores libertam vapor de água para a atmosfera, contribuindo assim para corrigir o clima das nossas cidades através da sua ação de arrefecimento. Têm também um papel "purificador", pois fazem fotossíntese para absorver o carbono libertado pela combustão dos combustíveis. Ajudam a combater a poluição atmosférica (temperaturas mais baixas, menos poeiras) (Richard, 2006).

As plantas produzem evapotranspiração: utilizam o calor como energia e libertam vapor de água no ar, o que contribui para arrefecer o ar ambiente (MAMROT, 2010). Por exemplo, "uma árvore adulta pode extrair mais de 450 litros de água do solo e depois libertá-la no ar sob a forma de vapor de água [...] um efeito de arrefecimento equivalente ao de cinco aparelhos de ar condicionado a funcionar 20 horas por dia" (Vergriete e Labrecque, 2007 :

8)   . Ao refletir parte dos raios solares e ao reduzir a absorção e a emissão de calor, as plantas ajudam a atenuar os efeitos das ilhas de calor urbanas (CRE-Montreal, 2007). Esta é uma questão importante, uma vez que as ITU são um problema crescente de saúde pública que afecta frequentemente as populações social e materialmente mais desfavorecidas (Cavayas e Baudouin, 2008). Estes vëgëtaux desempenham assim o papel de bënëfices térmicos. (CREMontreal, 2005, n.p.).

Do mesmo modo, estes vëgëtals funcionam também como ecrãs solares no verão e protegem contra os ventos no inverno (períodos frios) (CREMontreal, 2005, n.p.).

As árvores na cidade ajudam a tornar o ambiente urbano mais tempërë e a mitigar os impactos das ilhas de calor sobre as populações, reduzindo as variações de tempëratura no verão e no inverno, actuando como ee rails para atenuar os ventos, protëgando os raios ultravioleta e infravermelhos e arrefecendo a feira ambiente, (CREMontreal, 2005 e 2007 ; Gendron-Bouchard, 20 13; Yergriete e Labrecque, 2007).

Além disso, Genin e Plantineau (1982) demonstraram que um hectare de floresta liberta o volume de oxigénio necessário para um homem respirar durante 25 anos. Perante este resultado, podemos concluir que a necessidade de promover espaços verdes nas zonas urbanas se justifica devido ao aumento dos gases com efeito de estufa e à proliferação da UHI phënomëne.

Como prëcëdentemente mencionado, os espaços verdes desempenham várias funções numa cidade. Além disso, as árvores, em particular, promovem e contribuem para a formação de zonas mais frescas no ambiente urbano que reduzem a intensidade da UHI phënomëne.

Em suma, pode-se dizer que os espaços verdes incentivam e contribuem para a formação de zonas mais frescas no ambiente urbano, o que poderia reduzir a intensidade da UHI phënomëne.

Estes resultados confirmam a hipótese de que a densidade do edificado e os espaços verdes influenciam a variação do UHI no concelho de Porto-Novo e na zona envolvente.

5.4 Discussão

Densidade de construção

Os resultados obtidos sobre a demolição de edifícios no concelho de Porto-Novo e na zona envolvente estão de acordo com os de vários autores que utilizaram diversos métodos e modelos na sua investigação.

Thierno Aw (2010) demonstrou que a essência da cidade reside na variedade e na densidade das trocas que oferece aos seus cidadãos. Estas caraterísticas dependem da qualidade da estrutura urbana que, por sua vez, é condicionada por um conjunto de elementos estruturais marcados por relações de causalidade. O autor argumenta igualmente que as principais abordagens teóricas que procuram explicar, por exemplo, as interações entre os transportes e o ordenamento do território se baseiam principalmente em teorias económicas, técnicas e sociológicas. Estas considerações teóricas dizem respeito a três domínios em particular:

- As escolhas de localização feitas pelos agentes económicos (famílias, empresas, instituições) e o seu impacto no sistema de transportes,
- escolhas do sistema de transportes (instituições) e suas consequências para as práticas espaciais (mobilidade pessoal: escolha do modo, motivos e tipos de deslocação),
- as escolhas feitas pelos indivíduos para se envolverem em interações sociais, em estreita ligação com as escolhas de localização (locais de co-presença) e os compromissos de mobilidade (a prática de uma atividade conducente à interação social).

Estas teorias apresentadas por este autor corroboram os resultados obtidos nesta tese.

De forma completamente diferente, surgiram algumas questões pertinentes sobre as preocupações relativas aos objectos a estudar; a que escala devem ser estudados e que medida deve ser utilizada para os quantificar. Sobre este assunto, Girard M. (2017) forneceu algumas respostas num dos seus artigos intitulado: "Organisation spatiale et densitds urbaines: une application a I'agglomdration du Grand Dijon". Para este autor, uma densidade urbana pode referir-se tanto a uma densidade de "contentor" (edifícios) como a uma densidade de "conteúdo" (população) (Fouchier 1997).

Assim, em função do objetivo do estudo, é possível distinguir áreas quantitativas (mais ou menos densamente povoadas ou urbanizadas) e caracterizá-las (que população constitui uma área, que formas urbanas dominam uma área). A abordagem utilizada nesta tese para calcular a densidade de construção é semelhante à deste autor, se nos centrarmos no princípio do "contentor" (edifício).

O autor chama igualmente a atenção para a resolução espacial dos dados a cartografar e a analisar. Para efeitos desta tese, os resultados obtidos às escalas cadastral e regional mostram que quanto maior for a densidade, maior será a resolução espacial dos dados utilizados.

Análise do carbono armazenado na biomassa aérea

A reserva de carbono na biomassa adriática do jardim botânico de conservação é de 463,9 t C/ha e a do sítio 2 (ddtente) é de 337,4 t C/ha, o que dá um total de 801,3 t C/ha. Assim, só o JPN tem uma capacidade de absorção de 801,206 t C/ha. Isto significa que se existissem vários espaços verdes como o JPN em Porto-Novo e arredores, estes contribuiriam para a redução da poluição, nomeadamente dos gases com efeito de estufa, como o dióxido de carbono (CO_2). Este resultado é superior ao intervalo indicado por Palm et *al* (2000), entre 40 e 60 t C /ha. É também superior ao valor obtido por Peltier et *al.* (2007), que encontraram um stock de carbono de 5,046 t C/ha na biomassa aërienne de um povoamento de karite no Norte dos Camarões. É também superior aos intervalos dados por Albrecht e Kandji (2003) e Bello et *al.* (2017) que o estimam entre 7 e 25 tC/ha num sistema agroflorestal; e Medlyn et *al.*, (2013), entre $24,42 \pm 6,98$ t C /ha em povoamentos de karite e пërë de Bembërëkë. Da mesma forma, os nossos resultados (463,9 t C/ha; 337,4 t C/ha) estão bem acima dos 20,08 tC/ha obtidos por Odiwe *et al.* (2012) numa plantação de Tectona grandis na Nigëria.

O valor do carbono nos dois locais (801,3 t C/ha) neste estudo é elevado (ëlevëe) devido à predominância de espécies lenhosas de grande diâmetro e à sua densidade. Este valor é inferior ao obtido pelo IPCC (2001) para a floresta francesa, que é de 1.220 t C/ha. É por isso que Brown & Pearson (2005) consideram que a avaliação do stock de carbono deve ser limitada às espécies lenhosas. Outros autores (Valentini, 2007; Sai'dou et *al.*, 2012) confirmaram "estas observações", explicando que a flora herbácea contribui pouco para o volume total de carbono.

De acordo com o IPCC (2001), a vegetação desempenha um papel fundamental na limitação das alterações climáticas e na atenuação das ilhas de calor urbanas, uma vez que actua como sumidouro de carbono.

Em   carbonoo carbono   desempenha um papel   importante nas alterações
      alterações climáticas   .

Tem dois papéis principais: (1) como gás com efeito de estufa quando está na forma de CO_2 e (2) como mitigador das alterações climáticas quando é armazenado. A redução do dióxido de carbono pelas árvores é uma importante atividade ëcosistëmique.

Seguindo a mesma linha de pensamento, Xavier K. et *al* (2019) determinaram o stock de carbono orgânico em plantações de Acacia auriculiformis em florestas classificadas (Ouedo e Pahou), a fim de compreender a sua contribuição para a mitigação das alterações climáticas. Os seus resultados mostraram que o stock de carbono é mais elevado no tronco: 78,17 % do que nos ramos: 19,50 % e nas folhas: 2,33 %. O potencial de sequestro de carbono do solo variou de 31,46% a 70,99%, dependendo do tipo de solo. O estoque de carbono é significativamente maior na biomassa aérea do que na biomassa radicular. Com isto em mente, Montagnini e Nair (2004), mostraram que os esforços de captura de carbono em ambientes tropicais estão concentrados na biomassa aérea e não nos solos.

Também de acordo com Xavier K. et *al* (2019), os maiores estoques de carbono foram obtidos na plantação de 2,5 anos em solo hidromórfico em Pahou ($106,23 \pm 38,39$ tC/ha) em comparação com $77,77 \pm 5,47$ tC/ha para a plantação de 2 anos em solo ferralítico em Ouedo. Além disso, este último demonstrou que existe uma correlação fortemente negativa e significativa (r = - 0,931, P <0,001) entre tempëratura e estoque de carbono. As altas tempëraturas observadas são o resultado de baixa sëquestração de carbono e vice-versa. Os seus resultados corroboram os de Boulmane et *al.* (2013); Bello et *al.* (2017) e Diatta *et al.* (2016) que obtiveram resultados semelhantes em Marrocos na floresta de carvalho verde, em Bënin na plantação de caju e em Sdndgal no sul da bacia do amendoim.

O dióxido de carbono é um gás com efeito de estufa que é o principal responsável pelas alterações climáticas (Richard, 2006) e pelas ilhas de calor urbanas. O Painel Intergovernamental sobre as Alterações Climáticas (PIAC) estima que as emissões globais de CO_2 não devem exceder 10 mil milhões de toneladas por ano até 2050, se quisermos evitar repercussões ambientais que poderão ser particularmente catastróficas para os países em desenvolvimento (Richard, 2006).

O dióxido de carbono é um gás que ocorre naturalmente na atmosfera. À medida que crescem, as plantas absorvem dióxido de carbono, que se combina com a água para criar açúcares simples. Quando uma planta morre, arde ou é comida por um animal, o carbono é libertado de volta para a atmosfera. As florestas e os solos florestais do mundo armazenam mais de um trilião de toneladas de carbono, o dobro do volume presente na atmosfera (Richard, 2006). A destruição das florestas também injeta quase seis mil milhões de toneladas de dióxido de carbono na atmosfera todos os anos (Richard, 2006). A vegetação absorve e armazena dióxido de carbono (que a fotossíntese converte em carbono), actuando como um "sumidouro de carbono". Mas, inversamente, quando estas plantas são destruídas ou sobre-exploradas e queimadas, podem tornar-se fontes deste mesmo dióxido de carbono.

Conclusão parcial

Em termos gerais, a nossa zona de estudo caracteriza-se por uma sobrelotação, com um agrupamento apertado de edifícios em locais que não favorecem a fácil circulação do vento, e também por edifícios de poucos andares que criam canhões urbanos. As densidades de construção elevadas distribuem-se espacialmente a sul, por um lado, e do centro para norte, por outro. Estes resultados confirmam que a densidade da zona de estudo está a sofrer uma evolução progressiva em função da dimensão da sua população. Parece existir uma relação entre a variação das IUH e a densidade de construção observada. As zonas de densidade elevada deveriam coincidir com zonas de densidade elevada. Da mesma forma, verificou-se que a presença de espaços verdes cria uma zona fresca e, por conseguinte, baixa a temperatura do ambiente; daí a redução da intensidade da UHI.

CAPÍTULO VI: Caracterização das IU, seu impacto no ambiente e abordagem de soluções sustentáveis

Neste capítulo, a observação dos meses mais quentes foi utilizada para caraterizar as IU e analisar o seu impacto no ambiente e na saúde humana. Por último, este capítulo propõe soluções para a regulação sustentável das IU.

6.1. Determinação dos meses mais quentes

A maioria dos estudos sobre a UHI centra-se nos períodos de verão apenas devido ao clima destas regiões. Mas no presente estudo, devido à alternância das estações, optámos deliberadamente por concentrar a nossa atenção nos meses mais quentes consecutivos de l'annëe com base nos dados da l'ASECNA no período de 1985 a 2015 (Figura 67).

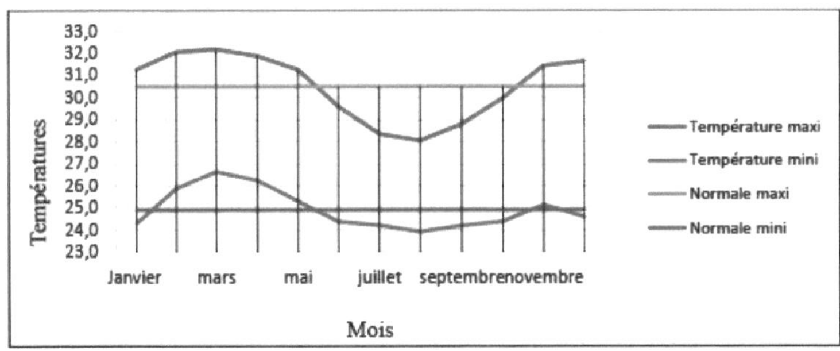

Figura 69: Tempëraturas médias mensais durante o përiod 1985-2015 em Porto- Novo e na área circundante.

Fonte: ASECNA, Meteo Bdnin

A Figura 67 mostra que as temperaturas máximas e mínimas seguiram o mesmo padrão durante o período de 1985 a 2015. As partes da curva (os máximos ou mínimos) na parte inferior da normal representam os meses menos quentes e as partes na parte superior da normal representam os meses mais quentes. Relativamente às temperaturas máximas, os meses mais quentes do ano são: janeiro, fevereiro, março, abril, maio, novembro e dezembro, com um valor médio de 30,5°C. Por outro lado, os meses mais quentes para as temperaturas mínimas são: fevereiro, março, abril, maio e novembro, com um valor médio de 25°C.

No sul do Benim, de acordo com os dados da ASECNA, a estação de secagem longa vai de dezembro a março e, por vezes, de dezembro a meados de abril, enquanto a estação de secagem curta vai de meados de agosto a meados de setembro. Este estudo concentra-se na estação de secagem longa de cada ano estudado no período de 2001 a 2015, a fim de obter melhores imagens de satélite e estudar melhor as ilhas de calor durante um longo período do ano e evitar a sobreposição de dois anos, por exemplo, dezembro de 2000 a abril de 2001. Uma vez que o estudo das ilhas de calor se centra principalmente nos extremos de calor, escolhemos os meses mais quentes com base na curva da temperatura máxima. A figura 67 mostra que janeiro, fevereiro, março, abril e maio foram os meses mais quentes da curva. O mês de maio, que se encontra no extremo inferior da curva de temperatura e que também faz parte da estação das chuvas, foi eliminado da análise para reduzir o excesso de nuvens.

Para efeitos do presente estudo, foram selecionados os meses de janeiro, janeiro, março e abril.

6.2. Elaboração de mapas de calor da zona de estudo

As sëries do mapa são rëaH3ëe3 para permitir uma visualização clara da dinâmica térmica de Porto-Novo e arredores. A Placa 2, apresenta a distribuição das tempëraturas ao longo das quinze (15) datas sëlectnëes, durante os meses de janeiro, fëvrier, março e abril.

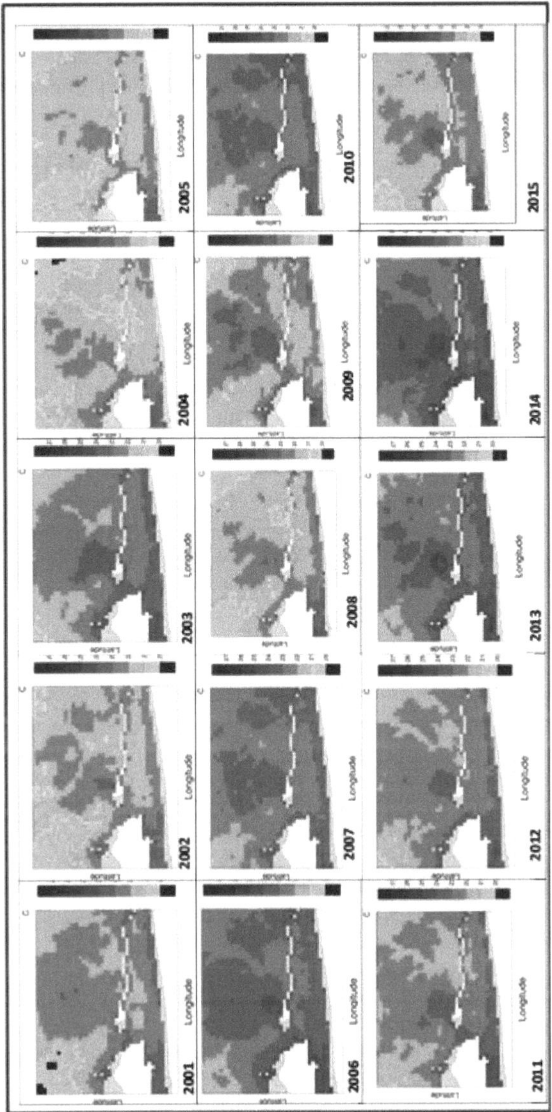

Figura 2: Distribuição da temperatura de 2001 a 2015 na estação seca

Fonte: Imagens MODIS; Temperatura da superfície terrestre

Os mapas зёпез da superfície de 1етрёгаШге a partir de imagens MODIS dos 15 аппёез (2001 - 2015) mostram, por um lado, 1 instalação progressiva da massa de ar quente e, por outro lado, uma intensificação de 1 UCI com consequentes ёcargas entre o centro da cidade e a përiphërie. As imagens retratam diferentes superfícies térmicas da paisagem ёШШШё utilizando uma escala de cores graduada.

Assim, a classificação destes valores em gamas de cores é idêntica para cada uma das datas selecionadas, sem distinção entre as tendências. As cores representam diferentes valores de temperatura do solo, com destaque para as superfícies mais quentes da área de estudo. Esta escala, de cores graduadas, evolui do vermelho alaranjado ao vermelho escuro para as superfícies quentes, e do azul-verde ao amarelo para as superfícies frias. Consequentemente, as ilhas de calor encontram-se em zonas de cor escura (do laranja ao vermelho-ocre). Estas zonas de cor escura parecem induzir um calor avassalador para o corpo humano durante a noite, com temperaturas superiores a 22°C.

Além disso, a utilização destas cores nas imagens de satélite, nomeadamente na nossa zona de estudo, permite revelar as caraterísticas térmicas dos diferentes tipos de uso do solo típicos das zonas urbanas, tais como edifícios, pavimentos, alcatrão, asfalto, superfícies impermeáveis e vegetação.

O laranja, o vermelho e o vermelho escuro concentram-se nos telhados dos edifícios, nas superfícies impermeáveis, no asfalto e a cor escura cttracleriza o interior das cidades; o que as coloca na posição das superfícies mais quentes. O azul e o verde cobrem várias superfícies ainda no interior das cidades, principalmente graças à sombra causada por certos edifícios, bem como superfícies cobertas por vëgëtation e superfícies húmidas. A cor amarela indica a temperatura entre as zonas mais frias e as mais quentes, ou seja, a cor amarela determina a média térmica espacial para cada série de imagens.

Observando estas séries de mapas, podemos constatar que as temperaturas máximas aumentam de intensidade e de superfície (laranja, vermelho a vermelho ocre) ao longo dos anos. Consequentemente, a superfície das ilhas de calor no solo e a sua intensidade aumentaram, nomeadamente nos anos 2003, 2006 e de 2009 a 2014. Consequentemente, as temperaturas mínimas (azul e verde) diminuíram ou mesmo desapareceram.

No que diz respeito à distribuição das UTI, existem três (03) categorias de UTI no concelho de Porto-Novo e arredores:
- Baixo UHI (cor amarela) com uma ëcarga térmica de 1°C com as përiphëries ;
UHI médio (cor laranja) com uma ëcar! térmica de 2°C com përiphëries ;
- UTI forte (cor vermelha a vermelha Бэпсë) com uma ëcaЛ térmica de 3°C a 6°C com përiphëries.

Além disso, o UHI da área de estudo ëyo1иеп! do sudoeste para o centro e nordeste, que corresponde à área de extensão da cidade e feita de 1 uso da terra. Finalmente, é de notar que as variações espaciais da tempëratura são pequenas e a divisão térmica é reduzida na nossa área de estudo. Mas, apesar disso, existe a presença de UHI cuja intensidade e variação espacial dependem realmente dos tipos de uso do solo e da ausência ou presença de vëgëtação no concelho de Porto-Novo e arredores.

De facto, as zonas de vegetação natural estão a desaparecer em detrimento dos aglomerados urbanos e das zonas cultivadas, como descrito no capítulo IV. Por outras palavras, a dinâmica da ocupação do solo é função da involução demográfica e da densidade de construção, que estão perfeitamente correlacionadas com a dinâmica dos IU.

Assim, as alterações no uso do solo (desflorestação, urbanização) na área de estudo têm consëquências significativas nas tempëraturas locais, como podemos ver nas imagens térmicas Modis. Como resultado, existe uma boa correlação entre a intensidade e a variação espacial do UHI e os tipos de uso do solo.

6.3. Influência da UHI na população

6.3.1. A perceção do calor pelas pessoas

As pessoas sentem o calor de formas diferentes ao longo do dia. A Figura 68 mostra como as pessoas sentem o calor consoante a altura do dia.

Hora do dia

Figure 70   Përiode de calor intenso durante o dia **Fonte:** Processamento de dados, dezembro de 2020

A Figura 68 mostra três períodos durante os quais as pessoas sentem calor intenso. Das 864 pessoas inquiridas, 98,80% sentiram o calor a partir do meio-dia; 95,20% sentiram o calor à noite, entre as 18h00 e as 22h00 ou mesmo as 23h00 para alguns, e até à meia-noite para outros, e mais tarde; 3,40% sentiram o calor de manhã, sobretudo a partir das 11h00.

É também de salientar que 10 pessoas desta amostra (cerca de 1%) afirmaram sentir o calor durante todo o dia, pelo que não puderam fazer uma avaliação exacta.

A maioria das pessoas inquiridas, ou seja, mais de 95%, afirmou que, durante o dia, o calor se faz sentir a partir do meio-dia e até à noite. É de salientar que todas estas pessoas reconhecem que o calor é mais suportável nos meses de chuva. Dizem também que as noites de harmattan são muito frescas.

Além disso, de acordo com os inquéritos, esta perceção é uma função da morfologia urbana. As ruas arborizadas, os espaços verdes e a esfera de áreas urbanas contíguas modificam o microclima e, por conseguinte, influenciam os efeitos da UHI. A Figura 69 mostra as proporções da população que têm essa perceção, de acordo com a localização.

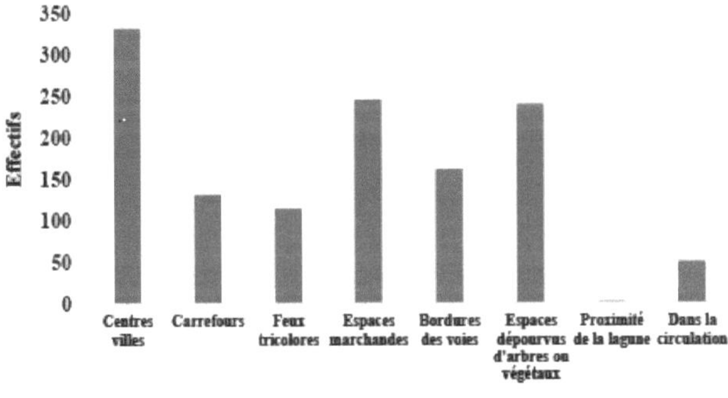

Figure 71   Perceção do calor pela população em função da morfologia urbana **Fonte:** Processamento de dados, dezembro de 2020

A análise da Figura 69 mostra que as zonas urbanizadas e com serviços são mais quentes do que as zonas não urbanizadas. Assim, 48% dos inquiridos afirmaram que há locais onde é mais quente do que outros. Entre eles, os centros das cidades, os cruzamentos, os semáforos, as zonas comerciais, as bermas das estradas, as zonas arborizadas e as zonas de tráfego. Para mais de metade dos inquiridos, os espaços bo13ë8 regulam a temperatura e proporcionam frescura. A Figura 70 apresenta as causas das excës
de calor.

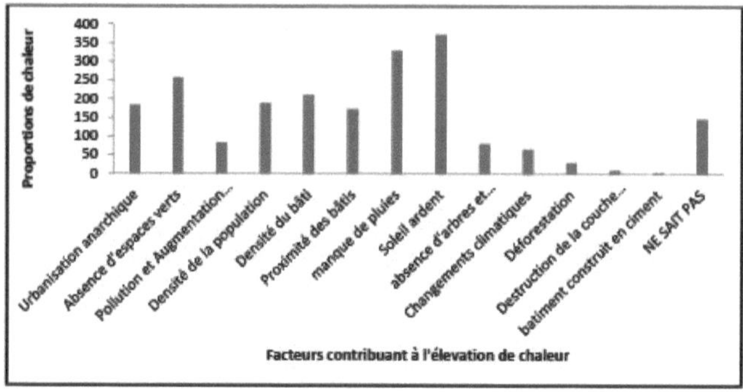

Figura 72: Causas das excësões de calor

Fonte: Processamento de dados, dezembro de 2020

A análise da Figura 70 revela treze (13) causas de excësões de calor. As causas mais comuns são: urbanização não planeada, falta de espaços verdes, elevada densidade populacional, elevada densidade de edifícios, falta ou insuficiência de precipitação e insolação.

6.3.2. Medição da temperatura

A campanha de medição da temperatura permitiu observar e avaliar a variabilidade do UHI à escala da aglomeração e do bairro. Esta campanha permitiu ainda relacionar os sentimentos da população com um valor e avaliar a sua variabilidade dentro do mesmo bairro. A Tabela 25 apresenta as séries de medições de temperatura. As figuras 71 e 72 mostram, respetivamente, a evolução das temperaturas na preт!ëre e segunda sëries.

Tabela 25: Sëries de medições de tempëratura

[re]1' série de medições

Sítios Horas\^	Sítio 1 JPN : Jardin des Plantes e Natureza	Sítio 2 Cruzamentos semáforos tricolor	Sítio 3 Banco da lagoa	Sítio 4 Funcionamento central	Horário 12H-13H30'
Para os 5 dias	T°max: 26°C T°min : 25 °C	T°max: 33,5°C T°min : 33°C	T°max: 29°C T°min : 29°C	T°max: 32,8°C T°min : 32°C	-

[eme]2 séries de medições

Sítios Dias	Sítio 5 No trânsito (centro da cidade de Porto-Novo)	Sítio 6 No trânsito (periferia de Adjarra)	Sítio 7 Espaços verdes (centro da cidade)	Sítio 8 Espaço verde (periferia)	Horário 1.30-3.15 PM
Para os 5 dias	T°max: 33°C T°min: 32,2°C	T°max: 31 °C T°min: 29,9°C	T°max: 29°C T°min: 28,3°C	T°max: 28°C T°min : 27°C	-

Fonte: trabalho de campo, fevereiro-março de 2019

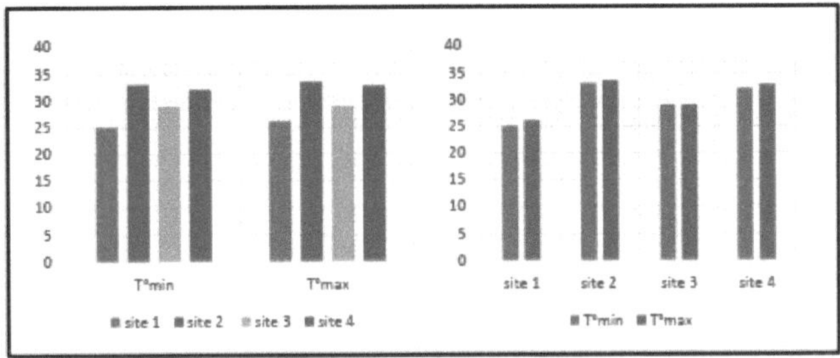

Figura 73: Primeiro зёпе de medições de 1етрёraШгез.

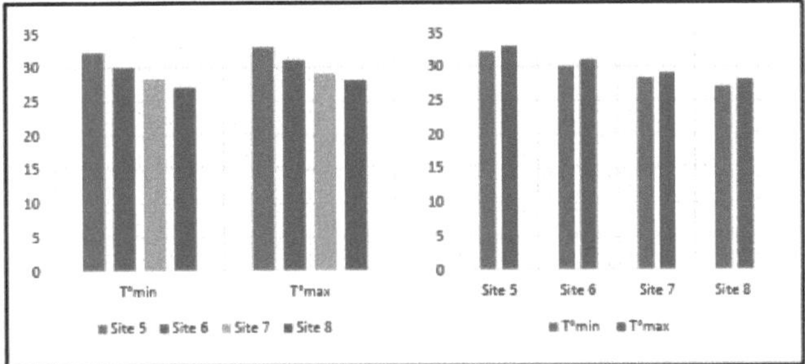

Figura 74: Segunda série de medições de temperatura

Observando a Tabela 25 e as Figuras 71 e 72, há uma variabilidade significativa na intensidade do UHI em cada local. A diferença média nas tempëraturas máximas observadas durante a prет!ёre sërie de medições é de aproximadamente 3°C ao nível do bairro. De facto, observa-se uma diferença de tempëratura de 7,5°C entre o local 1 (JPN) e o local 2 (wando fire), de 3°C entre o local 1 e e a margem da lagoa e, finalmente, de 6,8°C entre o local 1 e o wando initrclie. O mesmo cenário foi observado na segunda série de medições. As temperaturas observadas nos espaços verdes são significativamente mais baixas do que as observadas em pleno trânsito, com uma ëcaЛ de 3 a 4°C. Estes resultados confirmam os "comentários" das pessoas de que é mais quente nos espaços ш^твёв do que nos espaços vëgëtalisës. De igual modo, estes resultados são também consistentes com os obtidos com recurso ao software MODIS. O mapa abaixo ilustra melhor este ëstado de coisas (Figura 74).

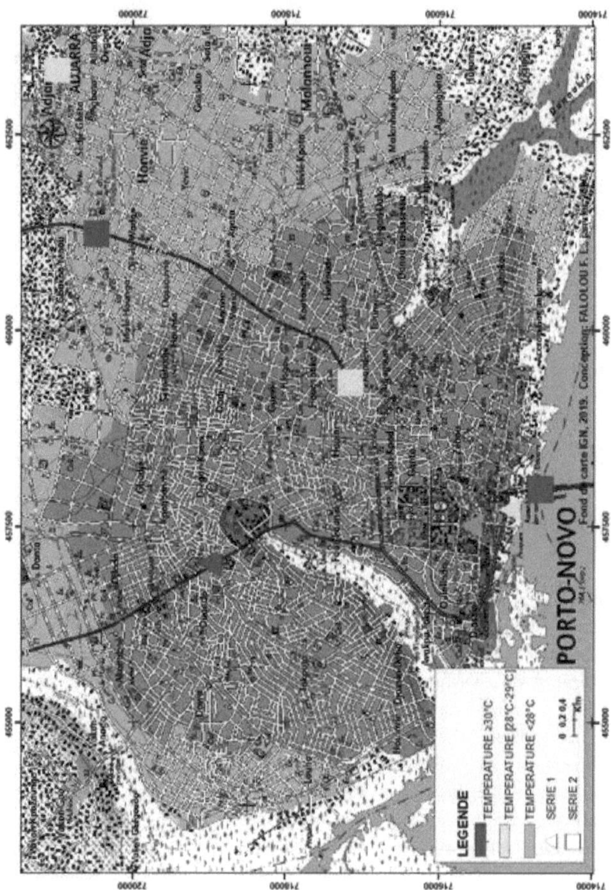

Ao ler o mapa, podemos ver que as 1етрёгаШге8 altas temperaturas (vermelho) estão localizadas em áreas com yёдё1айоп3, em particular: passos, cruzamentos com semáforos, no trânsito. A cor amarela indica tempёraturas médias e, finalmente, a cor verde, pois indica tempёraturas baixas.

Por consёquência, poder-se-ia dizer que a variação e a intensidade das UHIs dёpendem da presença ou ausência de espaços verdes, por um lado, e do tipo de uso do solo, por outro.

6.3.2 Impacto das vagas de calor na população e no ambiente

"O impacto dos esgotamentos térmicos provoca todo o tipo de desconforto após a exposição ao sol", é o que afirmam os inquiridos, que consideram que os esgotamentos térmicos aumentam todos os anos. Reconhecem igualmente que esta situação tem um impacto no ambiente socioeconómico, para não falar da destruição dos ecossistemas. As doenças identificadas durante os inquéritos incluem : malária, doenças de pele (sarampo, varicela, borbulhas, tetcnes na pele, sondas cutâneas nos dёpigmentёs), fadiga, febre, insónia, constipações, tosse, dores de cabeça, proliferação de insectos, irritação da pele, tonturas, queimaduras na pele, dificuldades respiratórias, escurecimento da pele, desidratação e irritação ocular. No que diz respeito aos impactos económicos e ambientais, as pessoas reconhecem os seguintes efeitos   seguintes

como disfuncionais: menores rendimentos das culturas alimentares; preços elevados da fruta e

116

de alguns produtos alimentares; alterações climáticas, excës de ронз３Аёге; crescimento atrofiado das vëgëtations.

6.3.3. Proposta de redução do calor excessivo por parte da população.

As soluções preconizadas pelos inquéritos dizem respeito a considerações sócio-antropológicas, a políticas de ordenamento e à proteção do ambiente. O quadro XXVI apresenta essas soluções.

Tabela 26: Solução ргоро３ёе３ por populações.

Níveis	Soluções
Considerações sócio-antropológicas	- Chamar os que fazem a chuva; - Fazer sacrifícios à divindade *xebiso (divindade que regula as chuvas)*; - Sente-se à sombra de uma árvore para apanhar ar fresco, - Proibir a varredura nocturna (afugenta as nuvens e prolonga a estação seca); - Proibir as mulheres menstruadas de irem ao pântano.
Políticas de desenvolvimento	- Promover a reflorestação ; - Cuidar das plantas ; - Viabilizar as zonas de construção com um plano de desenvolvimento ecológico; - Mais espaços verdes; - Desenvolver a silvicultura urbana ; - Desenvolver os transportes públicos
Arquitetura de edifícios	- Espaçar os edifícios, arejar as casas; -
Utilizações de equipamentos de condicionamento térmico	- Utilizar ventoinhas e ar condicionado;
Utilização de materiais locais	- Construção com palha e tijolos de terra estabilizada,
Proteção da biodiversidade	- Proibição do corte de árvores; - Proteção das espécies com mais de cem anos; - Proibir a construção em zonas sensíveis (zonas húmidas); - Recuperar a faixa húmida e as florestas do baixo delta do Oueme (nas aguegues, por exemplo) - Proteção e recuperação de solos erodidos
Proteção do ambiente	- Sensibilizar e respeitar o nosso ambiente - Reduzir a poluição causada pelos gases de escape de motociclos, veículos e fábricas - Reduzir a poluição por gases com efeito de estufa, - Sensibilização para a importância das árvores

Fonte: processamento de dados, dezembro de 2020

O Quadro XXIV mostra que o comportamento socioeconómico e a escolha das políticas de planeamento desempenham um papel importante na regulação da UHI. O desrespeito pelo ambiente influencia, portanto, as variações climáticas e, consequentemente, reduz o conforto térmico.

Por outro lado, o desenvolvimento ecológico de acordo com as normas arquitectónicas pode permitir que os ecossistemas desempenhem as suas funções de forma plena e eficaz. O relevo e os ëcosystëmes do ambiente permitem um desenvolvimento ótimo: a presença de zonas húmidas, drenagens dëpressionárias e planaltos pontilhados de bacias. A Figura 74 mostra as grandes

117

unidades espaciais da área de estudo através das quais se percebe este traçado.

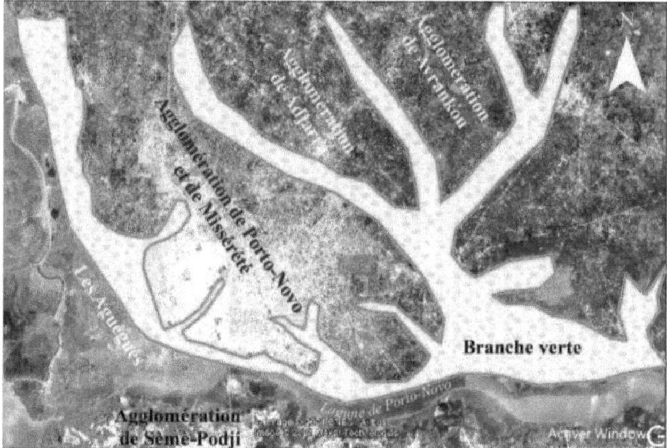

Figura 76: Principais agrupamentos espaciais na área de estudo

Fonte: Processamento Google Earth e trabalho de campo

Os espaços ëcosytëmiques da área de estudo podem ser identificados observando a figura 74. Eles podem ser resumidos em termos de um planalto dëgradë marcado pelos aglomerados; os corpos d'água são representados pela lagoa, pelo lago, pelo ramo margeado das dëpressões e pela orla lagunar. É este conjunto que precisa de ser recuperado e protegido para garantir um clima seguro para os ocupantes. No entanto, devem ser construídos espaços verdes para ajudar a regular o UHI.

6.4. Funções das zonas ajardinadas e do coberto vegetal

Na área de estudo, amënagës espaços verdes encontram-se em áreas urbanas. Em Porto-Novo número deles. número. de facto, estes espaços jogam vários funções. As árvores sempre foram indispensáveis ao homem. Imóvel e durável, sobrevive a gënërations e carrega a marca do passado. Fornece abrigo, alimento, proteção, materiais e combustível. Tudo isto, e mais ainda, a forte impressão causada pelo seu tamanho, o seu lado intemporal mas muito vivo, explica sem dúvida o lugar especial que ocupa, seja qual for a civilização, na mente humana.

Os espaços verdes observados na área de estudo permitiram conservar as inúmeras funções que proporcionam.

> Sobre o bem-estar do indivíduo.

O aumento de 1етрёraШre nas cidades em comparação com o campo, a alta densidade de superfícies de ref^ching no solo e perto de edifícios, a presença de corredores de vento crёёз através de altas ëdiflces, através de ruas, a baixa taxa de liumidite proyoдиë por 1 insuficiência de plantações e superfícies gtizonne indicam a importância, e mesmo a urgência de introduzir vëgëtation no ambiente urbano pelo plantio de árvores de rua, pela conservação e amëlioração dos bosques urbanos përiurbanos existentes (Menviq, 1987). O mais

O efeito óbvio da vëgëtação no microclima é a sombra (fotos 9 a 11).

Foto 9: Sombra proporcionada pelas árvores na Praça Toffa em Porto Novo

Fotografia: L. FALOLOU, agosto de 2019

Foto 10: Sombra criada pelas árvores que promovem a exposição de arte e cultura na Place Toffa em Porto-Novo
Fotografia: L. FALOLOU, dezembro de 2021

Foto 11: Sombra criada pelas árvores na Praça Kandevie em Porto-Novo *Crédito da foto: L.*

119

Nestas fotografias, podemos ver que as árvores oferecem às pessoas sombra e locais para passear e relaxar.

As árvores absorvem e reflectem a radiação solar para que as pessoas procurem sombra nos dias de sol quente. A absorção pela vegetação da radiação de onda longa do sol também permite que as árvores reduzam a diferença entre as temperaturas diurnas e nocturnas. Sob uma copa de árvores, os dias são mais frescos e as noites mais frescas. Do mesmo modo, a copa das árvores reduz a velocidade do vento, oferecendo resistência à deslocação do ar. A velocidade do vento pode ser reduzida em 50% numa distância de 10 a 20 vezes a altura do ecrã formado pela vegetação (Menviq, 1987).

O grau de redução dependerá da altura, espessura e permeabilidade da vegetação utilizada. Do mesmo modo, o coberto vegetal também intercepta a precipitação e reduz o seu impacto no solo (reduzindo os salpicos e a erosão).

> **Estado do par.**

A presença de zonas arborizadas contribui para reduzir as poeiras, os diversos poluentes químicos e os germes microbianos. A poeira provém de várias fontes, tanto naturais como industriais, e pode transportar poluentes químicos. A poeira provém do tráfego e da atividade urbana em geral e transporta produtos químicos e micróbios patogénicos (nocivos). A folhagem filtra as poeiras até um certo ponto, lavando-as depois do solo quando a chuva as arrasta. O efeito da vegetação sobre o próprio ar poluído varia muito de caso para caso (Menviq, 1987):

> Os poluentes podem ser absorvidos e transformados por vëgëtação (dióxido de enxofre, dióxido de carbono e ozono);

> podem ser absorvidos e acumulados sem transformação pelo vdgdtal (flúor, chumbo). Deve também ser mencionado que a vegetação pode ter um papel anti-microbiano. [2]Atualmente, sabe-se que o número de germes microbianos por metro de ar é muito menor numa floresta do que numa rua do centro da cidade (Menviq, 1987).

> **Qualidade da água.**

Os espaços verdes e a vegetação de uma cidade ajudam a absorver a água da chuva, através da percolação (o fluxo de água para o solo sob o efeito da gravidade) ao nível do solo e através das raízes das árvores. Ao preservar os espaços verdes, é possível reduzir o volume de água de escoamento, proteger as fontes de água e evitar, ou pelo menos reduzir, os danos causados pelas inundações. A presença de espaços verdes permite igualmente limitar a poluição das águas de superfície que, de outro modo, correriam sobre zonas pavimentadas contendo poluentes como o chumbo e resíduos de todos os tipos. Estas águas sujas, escoadas naturalmente para os cursos de água ou recolhidas pelos esgotos pluviais, contribuem para a poluição das águas e para o desaparecimento da fauna aquática (Menviq, 1987).

> **Proteção do solo**

A vegetação desempenha um papel importante na proteção do solo contra a erosão pela água e pelo vento. Se forem deixados a descoberto, os espaços abertos nas zonas urbanas podem degradar-se rapidamente. A ausência de cobertura vegetal torna a superfície do solo mais sensível ao impacto das gotas de água (efeito de cobertura) e à força do vento (Agbossou, 2011).

Esta situação pode levar à degradação da estrutura do solo ou à perda de material (através de escoamento, erosão, escorrências, lamas, tempestades de areia, etc.). O problema é particularmente grave nos terrenos inclinados, nas margens dos rios, nas falésias, nas colinas e nas encostas. Por conseguinte, seria vantajoso proteger as zonas frágeis, não só preservando a vegetação, mas também plantando-a onde ela não existe (Menviq, 1987).

> **Poluição sonora**

Nas últimas cinco décadas, o nível médio de ruído, especialmente nas cidades, aumentou consideravelmente. A presença de vegetação pode aliviar o desconforto causado por níveis de ruído excessivos (Tente, 2008).

A vegetação, com as suas folhas de largura variável, pode reduzir os níveis de ruído. Estudos efectuados sobre a importância da vegetação mostram que a criação de zonas tampão (uma faixa de terreno arborizado) reduz o ruído em 6 a 8 decibéis por cada 30 m. Esta redução é significativa, uma vez que uma redução de 12 decibéis corresponde a uma redução da sensação sonora de cerca de 50% (Tossou, 2007).

> **Um refúgio para a fauna aviária e terrestre.**

As zonas arborizadas constituem igualmente um habitat para toda uma gama de fauna terrestre e aviária (fotos 12 e 13). Desempenham um papel importante tanto no meio natural como no meio periurbano. A observação da vida selvagem, nomeadamente das aves, é uma atividade de lazer cada vez mais frequente. A presença de zonas arborizadas permite a sobrevivência desta fauna em meio urbano. Desempenham assim um papel essencial no equilíbrio dos ecossistemas da cidade. Além disso, a interação entre as zonas urbanizadas e os espaços naturais abertos pode também permitir desenvolver sítios de interpretação da natureza junto das escolas urbanas (Menviq, 1987). As fotos 12 e 13 mostram o Jardin des Plantes et de la Nature.

Foto 12: Jardin des Plantes et de la Nature (macacos passeiam tranquilamente nos ramos das árvores)
Fotografia: L. FALOLOU, dezembro de 2019

Foto 13: Jardin des Plantes et de la Nature (macacos que andam à volta de um Interior do conservatório)
Fotografia: L. FALOLOU, dezembro de 2019

> **Um elemento arquitetónico e estético.**

A vegetação também influencia a expressão física do ambiente urbano. Melhora a estética da paisagem construída, criando uma mudança de textura e um contraste de cor e forma com os edifícios adjacentes. Em torno de um edifício ou de uma residência bem concebidos, a vegetação - árvores e arbustos - harmoniza-se com as caraterísticas arquitectónicas e realça-as. A diversidade da folhagem e o desabrochar de diferentes espécies dão um toque importante às zonas urbanizadas, muitas vezes concentradas e rodeadas de vastos parques de estacionamento. Além disso, nas zonas residenciais ou nas urbanizações públicas, a vegetação assegura o carácter privado de certas espécies. Além disso, a manutenção de uma faixa arborizada pode ajudar a isolar uma zona residencial de uma estrada principal ou de uma zona industrial. A plantação de ruas permite a ligação entre os diferentes espaços públicos e as funções de lazer. A cidade torna-se assim um todo vivo e bem planeado. As fotografias 14 e 15 ilustram esta secção (Menviq, 1987).

Foto 14: Cite de Grace (Aspect estlietique des Terres Pleins Centraux) em Porto-Novo **Foto**: L. FALOLOU, janeiro de 2022

Foto 15: TPC Houssou-mëdë em Porto-Novo A harmonia das árvores com a arquitetura da cidade
Foto: L. FALOLOU, janeiro de 2022

> **Equipamentos sociais essenciais**.

Os espaços verdes servem de áreas de recreio para relaxar, passear, praticar desporto e lazer. Interpretação da natureza (fotos 16 e 17).

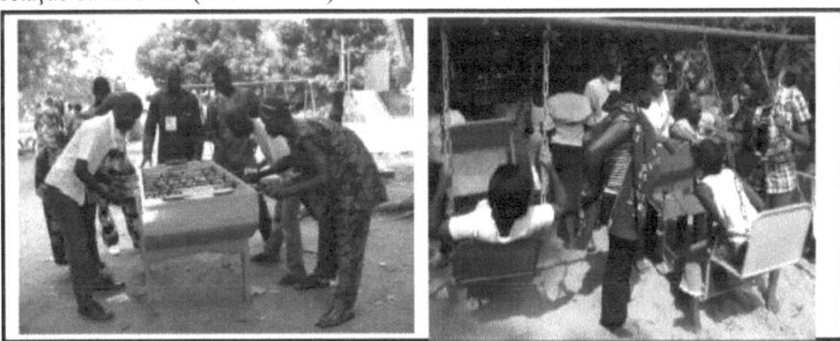

Foto 16: JPN, utilizadores divertem-se a jogar vários jogos - Locais de encontro e utilizadores
Foto tirada por: L. FALOLOU, dezembro de 2015 d^change des

A sua função social decorre do papel que desempenham na facilitação do acesso ao público para actividades de lazer e na promoção de encontros entre cidadãos.

Em suma, os espaços verdes desempenham um papel vital e irreversível no equilíbrio dos ecossistemas de uma cidade.

6.5. Ocupação anárquica de espaços verdes e comportamento incivil

Os espaços verdes são concebidos para relaxar e descontrair. Por conseguinte, a ocupação destes espaços verdes para fins comerciais não seria uma boa ideia, de acordo com as pessoas que entrevistámos. Estes últimos apontaram disfunções prejudiciais à sustentabilidade destes espaços. Estas incluíam:

- risco de espaços verdes mais naturais ;

- correm o risco de transformar os espaços verdes em nuirelie ;
- comportamento antissocial e poluição sonora: perturbação da paz e do sossego dos utentes;
- má gestão dos resíduos;
- risk dëtourner 1 objectif du lieu ;
- stress das plantas devido a um comportamento incivil ;

Tendo em conta estes impactos, as populações locais recomendam medidas adequadas para a gestão sustentável dos espaços verdes. Recomendam as seguintes medidas:
- remuneração das horas trabalhadas (varredura e manutenção)
- Capacitar os utilizadores;

Além disso, outras medidas colectivas e coercivas devem ser consideradas para garantir as funções dos espaços verdes. A Figura 73 mostra a distribuição das medidas de acordo com a participação na gestão dos espaços verdes.

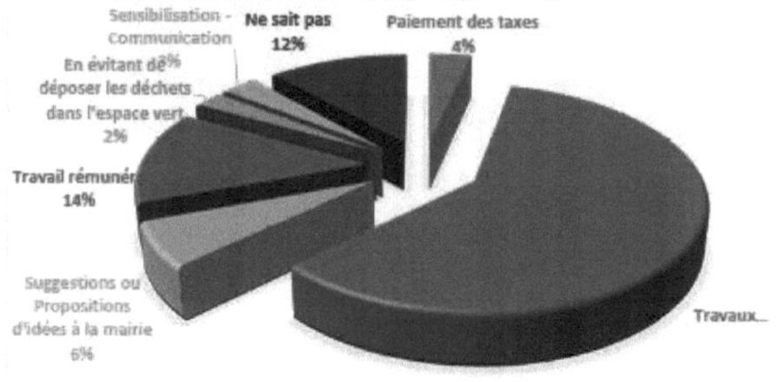

Figura 77: Rëpartição das medidas de acordo com o envolvimento na gestão de espaços verdes.
Assim, dentro das populações interviwées 59,36% têm op!ë para o trabalho comunitário; 13,74% têm op!ë para o trabalho rëтипёrë, por outro lado 3,51% têm prëfërë a contribuição final. No que diz respeito aos impostos, as pessoas pensam que esta seria uma medida adequada. No entanto, dizem desconhecer as leis que regem a gestão pública, e muito menos os espaços verdes.

6.6. Discussão

O presente ëtude permitiu ettra denser des ilots de Chaleur Urbains (ICU) dans la Commune de Porto-Novo et de ses alentours. A análise dos resultados revela a presença de UHIs cuja intensidade e variação espacial dependem realmente dos tipos de uso do solo e da ausência ou presença de vëgëtation na Comuna de Porto-Novo e seus arredores (Lucrece F. *et al.* 2018). Assim, as mudanças no uso da terra (desmatamento, urbanização) em nossa área de estudo têm consëquências perceptíveis nas tempëraturas na escala local, como podemos ver nas imagens térmicas modis.

Estes resultados confirmam os de autores que analisaram o phënomëne das ilhas de calor urbanas em Pequim, na China (Xiao, R. *et al.*, 2007) , em Sëoul, na Coreia do Sul (KIM, Y e BAIK, J., 2005), em Baltimore, nos Estados Unidos (LI D. e BOU-ZEID, E. 2013) , em Phoenix, nos Estados Unidos (CHOW W., et *al.*, 2012) , em Manchester, na Grã-Bretanha (SKELHORN C. et *al.*, 2014) , em Lodz, na Polónia (Offerle B. et *al.*, 2005) e em Montreal, no Canadá (Bergeron O. e Strachan B. 2012).

Lktude rëalisëe dans la region Parisienne (Madelin M. *et al.*, 2017), montre d'une part que les tempëratures nocturnes de surface des zones densëment urbanisëes sont beaucoup plus ëlevëes (+ 6°C) que les zones agricoles avoisinantes, lors des nuits de ciel clair et d'autre part l'influence notable de 1 occupation/utilisation du sol sur le climat local.

Da mesma forma, estes resultados também confirmam os do estudo efectuado por Rigo G. e

Parlow E. (2003) utilizando imagens de satélite na cidade de Basileia, na Suíça. Os seus resultados destacam mais uma vez a importância da vëgëtação no comportamento térmico da área de estudo. Os seus resultados coincidem com os de Ariane S., *et al.* (2012) sobre Paris, que reafirmam a hipótese de arrefecimento das superfícies ocupadas por pares urbanos dëja montre par Dousset B. et Gourmelon F., (2003). Assim, as conclusões destes estudos corroboram os resultados obtidos para Porto-Novo e área envolvente, no sentido em que foi estabelecida uma relação entre vëgëtação e tempëratura.

Na mesma linha, o estudo de Cox J. et *al.* (2005) sobre a тёкороκ de Nova Iorque, nos EUA, mostrou, por um lado, que à escala local, a densidade dos edifícios e a forma das ruas desempenhavam um papel principal nas variações da UHI à superfície e, por outro lado, uma forte semelhança entre a Involução da vëgëtação e a da temperatura. Este facto está de acordo com Schrijvers P. *et al.* (2015), que afirmam que a presença de grandes edifícios (urban canyon), a disposição dos edifícios ao longo das ruas e os makriaux utilizados na construção e nas estradas são as principais causas da UHI nocturna. De facto, estes makriaux participam na retenção de calor confërantindo-lhes uma baixa inércia térmica (CHEN J. *et al.*, 2017). Este é o caso do asfalto, que é particularmente eficiente em armazenar calor e libertá-lo gradualmente várias horas após o pôr do sol (Qin Y e Hiller J. 2014). Além disso, a rëfërence (Oke T. 1981), atesta que a disposição dos edifícios particularmente ao longo das ruas e sua altura impedem parcialmente o movimento da feira que participa da retenção de calor no makriau.

Além disso, vários ëtudes sobre ilhas de calor urbanas usando o mëtodo de campanha de medição por sensores κτрёгаκгез, estação mëtëorológica, termómetros móveis conduzem todos aos mesmos resultados. Assim, estes diflerentes ëtudes de par le monde dans des villes de failles differentes dëmontrent que la variabilik spatiale de l'ilot de chaleur urbain est fonction des types d'occupation du sol et de 1 absence ou la présence de la yëдël айоп, des formes urbaines, des surfaces impermetiNes et de la hauteur moyenne des batis et de leur densite (Xavier F. 2015 ; Efe S. et Eyefia O.2014).

Face ao exposto, importa referir que este aumento da tempëratura, associado à urbanização, pode ter impactos muito graves na saúde, tais como : stress térmico e hídrico, desconforto, fraqueza, perturbação da consciência, cãibras, síncope, insolação, e mesmo exacerbação de doenças crónicas pré-existentes, como diabëte, insuficiência respiratória, doenças cardiovasculares, cërëbrovasculares, neurológicas ou renais, ao ponto de provocar a morte (Lachance G., et al., 2006). Neste sentido, a monitorização regular do phënomëne da ilha de calor urbana e da Involução do uso do solo é fundamental para a gestão sustentável do ambiente e para a compreensão do seu funcionamento e dos factores climáticos. Assim, tal como aconselhado por Giguere M. (2009) e pelo Conseil Rëgional de 1'Environnement de Montreal (CRE de Montreal, 2010), o aumento da cobertura vegetal das cidades através da ecologização e proteção dos espaços naturais é um fator chave para a redução das ilhas de calor urbanas.

6.7. Uma abordagem de soluções sustentáveis para a atenuação da UHI

O fenómeno UHI está a afetar todas as cidades do mundo. Ao longo do tempo, muitas cidades tomaram consciência do problema do UHI e das questões envolvidas, e estão a considerar a estratégia e as acções a implementar para mitigar este fenómeno.

Os resultados deste estudo mostraram que é possível reduzir os efeitos do calor mantendo o máximo de espaço verde possível. Assim, para atenuar a referida phënomëne, várias medidas de gestão urbana tremem eficazes. No entanto, as soluções a desenvolver para lidar com as ilhas de calor urbanas devem ser adaptadas ao contexto e clima locais.

Assim, no nosso ambiente de estudo :

- Poderiam ser organizadas **campanhas de sensibilização** para a importância de proteger a vegetação, quer se trate do relvado do próprio jardim ou dos parques da cidade. Do mesmo modo, deveria ser esclarecida a importância de escolher cores claras para as fachadas das casas e de instalar telhados verdes. As ilhas de calor são o resultado da urbanização e devem, portanto, ser uma prioridade para o ambiente e a saúde pública.

-   medidas de ecologização e de gestão das águas pluviais; é necessário que todas as novas construções tenham em conta, no seu plano de desenvolvimento, a ecologização desde as primeiras fases de construção. De facto, o aumento da cobertura vëgëtal das cidades através da ecologização e da proteção dos espaços naturais é um fator-chave na luta contra as ilhas de calor. As medidas de ecologização têm a vantagem de poderem ser realizadas em muitas áreas, tais como ao longo das bermas das estradas, em terrenos públicos (terrenos municipais, parques, pátios escolares, etc.) e em terrenos privados (pátios residenciais, à volta de edifícios comerciais, parques de estacionamento, etc.) (Giguere, 2009; CRE de Montreal, 2010). Além disso, a ecologização dos telhados ou das paredes é uma excelente forma de combater as ilhas de calor. De facto, os telhados verdes, vulgarmente conhecidos como coberturas verdes, são bons isolantes térmicos; reduzem o calor no interior dos edifícios e das casas através da evapotranspiração e ajudam a arrefecer o ar ambiente no exterior (Giguere, 2009; Labrecque e Vergriete, 2008).

Ajudam também a reter a água da chuva, a reduzir o ruído, a aumentar a longevidade das membranas das coberturas, a criar biodiversidade e a melhorar a qualidade do ar através da redução dos contaminantes (Desjarlais et *al.* 2010). Tal como as coberturas verdes, as paredes verdes oferecem os mesmos benefícios. Por exemplo, a utilização de plantas adaptadas ao clima pode reduzir a temperatura de uma parede em 20°C em comparação com uma parede sem plantas e sem sombra (Giguere, 2009). Em segundo lugar, a ecologização melhora a gestão das águas pluviais. De facto, a ecologização do ambiente urbano através da plantação de árvores, telhados ou paredes verdes aumenta a capacidade de retenção de água da cidade e aumenta a evapotranspiração, o que, por sua vez, reduz as temperaturas locais (Boucher, 2010). Além disso, o aumento da taxa de permeabilidade do solo permite que a água se infiltre no solo e equivale a reduzir a quantidade de água de escoamento que provoca o aquecimento da água natural e a erosão do solo. Além disso, se não for possível criar uma área plantada, é preferível utilizar pavimentos permeáveis, porque   uma melhor infiltração da água no solo oferece uma capacidade de arrefecimento equivalente à da vegetação (Giguere, 2009).

De referir ainda que a cidade de Porto-Novo acolhe o projeto "Porto-Novo Ville Verte (PNVV)", que tem em conta o planeamento urbano, o desenvolvimento das zonas periféricas, a preservação dos ecossistemas das margens das lagoas e a adaptação da cidade às alterações climáticas. Este projeto é, portanto, uma mais-valia para a cidade de Porto-Novo.

A Figura 77 abaixo mostra uma simulação da cidade verde ideal para a nossa área de estudo.

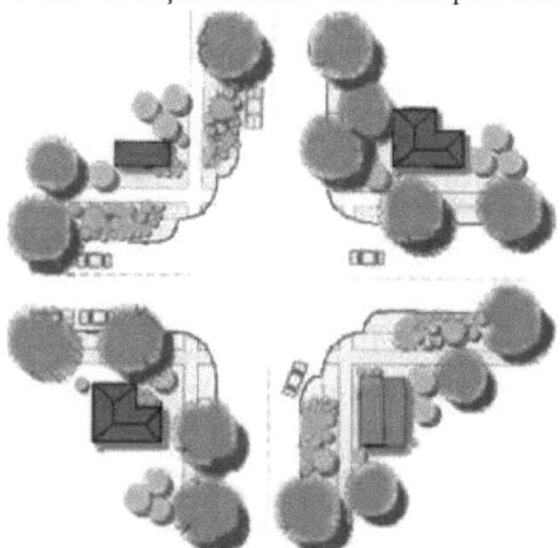

Figura 78: Simulação mostrando o cruzamento de uma cidade verde *Fonte: Google, Geolys, 2022.*

Conclusão parcial

Os resultados do estudo revelam não só a presença de UHIs no concelho de Porto-Novo e arredores, mas também que a sua intensidade e variações espaciais dependem dos tipos de uso do solo e da ausência ou presença de vegetação. É de salientar, no entanto, que as variações espaciais da tempëratura são pequenas e que a diferença térmica é reduzida na referida área de estudo.

A presença de vegetação e/ou de cursos de água cria zonas frescas, ao contrário das superfícies mais quentes, que se concentram nos telhados dos edifícios, nas superfícies impermeáveis, no asfalto e no interior escuro das cidades.

Este estudo permitiu-nos aprofundar o conhecimento do comportamento térmico das superfícies do concelho de Porto-Novo e da sua envolvente, em particular durante a noite.

A fim de reduzir o efeito destas ilhas de calor urbanas, seria aconselhável implementar medidas de mitigação para contrariar a UHI, a fim de reduzir significativamente a temperaturë justa durante o dia, bem como à noite. Para tal, existe uma variedade de acções para reduzir esta phënomëne, tais como "medidas de vëgëtalização, medidas de Hëc3 das infra-estruturas urbanas (arquitetura e ordenamento do território), gestão das águas pluviais e acções de permëabilitë do solo ou medidas de redução do calor antropogénico.

Conclusão geral

Na cidade de Porto-Novo e arredores, o meio urbano pьёпотепе ёyolие do centro para a pёпрьёпе. As actividades humanas variam de acordo com cada ambiente. O exercício destas actividades exige frequentemente amёnagements precisos e 1 exploração dos recursos naturais que contribuem para a dёgradação do l'environnement. Lktude a rёyёlё que 1 ocupação do solo conheceu mudanças importantes durante as diferentes datas: 1972, 1992, 2012. De facto, os usos do solo mais difundidos são culturas e palmeirais, culturas e pousios, culturas de plantação, zonas húmidas, corpos de água e aglomerações, que ocupavam mais de 94,72% da área total em 1972, 95,94% em 1992 e 97,29% em 2012.

Em 2032, estas classes ocuparão mais de 96,96% da superfície total. Uma análise geral das diferentes cartas de ocupação do solo conduziu às seguintes observações:

- a progressão das áreas construídas (адд^тёгайо^);
- o declínio e mesmo o desaparecimento de relíquias florestais sagradas;
- a disseminação das culturas de palmeiras e dos pousios ;
- a disseminação das culturas e dos pousios
- o crescimento das culturas de plantação

As classes que parecem ser as mais estáveis ao longo destas diferentes datas são os solos dёnudёs, as massas de água e as formações de zonas húmidas.

Nos diferentes períodos 1972-1992, 1992-2012 e 20122032, as zonas de vegetação natural (remanescentes de florestas sagradas) desapareceram em detrimento das zonas agrícolas (culturas e jacas, culturas de palmeiras e jacas, culturas de plantação) e das zonas urbanizadas (aglomerados).

Da mesma forma, verificaё-se que os aglomerados populacionais apresentam uma correlação positiva significativa com a dёmografia, o que significa que a área dos aglomerados populacionais aumentouё com a dёmografia. A correlação da dёmografia com as florestas sagradas também é significativa, mas negativa', o que significa que a área das florestas sagradas regrediu significativamente de 1979 a 2012 com 1 aumento populacional no mesmo pёriod.

Os outros valores do coeficiente de correlação não são significativos. No entanto, há uma regressão nas áreas da maioria das unidades de uso da terra com o crescimento populacional observado de 1979 a 2012, exceto para prados, corpos d'água e solos dёnudёs.

Assim, as formações vёgёtales e as áreas cёturales estão a dar lugar a aglomerações que estão em constante expansão devido à evolução da população.

De tudo o que precede, confirma-se a hipótese 1 segundo a qual 1 o uso do solo sofre uma evolução essencialmente progressiva no concelho de Porto-Novo e arredores. Estes resultados permitem-nos confirmar que os параtёlгез que poderiam explicar a variação do UHI são nomeadamente as aglomerações, 1 o aumento da população e 1 o uso do solo.

L^tude a ёgalement еопйггё 1 hypothese N°2 selon laquelle la densite des batis et l'amёnagement des espaces verts influencent la variation des ICU. De facto, existe uma relação entre a quantidade de calor medida e a densidade do edifício observada. As áreas de alta densidade devem, portanto, coincidir com áreas de alto calor. Da mesma forma, observou-se que a presença de espaços verdes cria uma zona fresca e, assim, reduz a temperatura do ambiente; daí a redução da intensidade do UHI.

Pode ver-se que, à medida que a densidade dos edifícios aumenta, aumenta também a intensidade da UHI. No entanto, esta intensidade diminui na presença de espaços verdes. Assim, a densidade dos edifícios e os espaços verdes têm uma influência diferente na variação (intensidade) da UHI, uma de forma negativa e a outra de forma positiva.

Da mesma forma, os resultados deste estudo revelaram não só a presença de UHIs no concelho de Porto-Novo e arredores, mas também que a sua intensidade e variações espaciais dependem dos tipos de uso do solo e da ausência ou presença de vegetação. Deve-se notar, no entanto, que as variações espaciais da tempëratura são pequenas e que a divisão térmica é mais estreita na área de pesquisa acima mencionada. O aumento do calor varia de acordo com o grau de urbanização, o tipo de desenvolvimento, o edifício (aglomerados urbanos) e as actividades realizadas. As novas actividades exigem a deslocação das pessoas, principalmente através de meios de transporte individuais, o que gera poluição atmosférica e sonora através dos gases de escape dos motores. O calor aumenta também a utilização do ar condicionado nas habitações, nos automóveis e nos escritórios. A isto juntam-se os gases gerados pelas poucas indústrias aí instaladas. O probteme de saneamento não é o^икë com os dëchets líquidos e sólidos que perturbam a quiëtude das populações devido aos gases que escapam com por consëquência doenças como: enxaquecas, infecções respiratórias agudas, doenças de pele, etc.

I .'livpotliese 3 segundo a qual as UHI afectam o equilíbrio do clima urbano e das populações é conflrmëe. De facto, a presença de vegetação e/ou cursos de água cria zonas frescas, ao contrário das superfícies mais quentes, que se concentram nas coberturas dos edifícios, superfícies impermeáveis, asfalto e superfícies escuras no interior das cidades. Esta investigação permitiu aumentar o nosso conhecimento sobre o comportamento térmico noturno e diurno do município de Porto-Novo e dos seus arredores. A fim de reduzir o efeito destas ilhas de calor urbanas, seria conveniente implementar medidas de mitigação para reduzir significativamente a temperatura ambiente durante o dia e a noite. Para tal, podem ser tomadas diversas ações para reduzir esta phënomëne, tais como "medidas de vëgëtalização, medidas de infraestruturas urbanas (arquitetura e urbanismo), medidas de gestão das águas pluviais e de permëabilitë dos solos, e medidas de redução do calor antropogénico ; Isto confirma os resultados segundo os quais a presença de árvores (espaços verdes urbanos) favorece e contribui para a formação de zonas mais frescas no ambiente urbano que reduzem a intensidade do fenómeno UHI.

Os parâmetros básicos que influenciam o ambiente urbano podem ser resumidos da seguinte forma:
- o clima local e, mais especificamente, a radiação solar e o vento, que são
mais influenciado pelo terreno;
- o ambiente de construção na sua complexidade, o terreno e os materiais de construção ;
- calor antropogénico, produzido pela atividade humana: edifícios, indústria e transportes ;
- a presença ou ausência de vegetação afecta diretamente os elementos do clima
(tempëratura, vento, humidade...) ;

- **Recomendações e perspectivas**
As principais recomendações para o combate às ilhas de calor urbanas podem ser resumidas da seguinte forma:
- *S* Reforçar as medidas de plantação;
J Otimização da organização espacial ;
J Veuillez a l'atteintes des objectifs du projet " Porto-Novo ville verte " afin de capitaliser les résultats aupres des communes satelittes de Porto-Novo. Tal permitiria a gestão e o intercâmbio de boas práticas e de resultados aplicáveis com base nos ensinamentos retirados das acções realizadas no âmbito do referido projeto.
Tendo em conta os resultados deste estudo e as soluções propostas, tencionamos alargar o estudo das ITU nas comunas de Abomey-Calavi e Cotonou para ajudar os iintonles na sua tomada de decisão e, em seguida, avaliar o papel desempenhado pela circulação do vento na localização das ilhas de calor.

Bibliografia

1. **Mourima M.M., (2006).** Pertinence du traitement des images et des SIG dans un тёсашзте d'attente sur les conflits en relation avec la gestion partagёe des ressources naturelles : cas de Bouza et Keita. Mёто!re de DEA gёographie, Fieulte des Lettres et Sciences Humaines, Universite Abdou Moumouni de Niamey, 77p

2. **Ackermann G., Mering C., Quensiere J., (2003).** Análise da extensão das áreas construídas na região de Petite Cote (Senegal) por teledeteção. *Cybergeo, Revue Europeenne de Geographie,* n° 249, 15 p..

3. **Ademe, (2000).** Classificação e critérios de implantação de estações de vigilância da qualidade do ar. Recomendações do grupo de trabalho "seleção de locais". Agência para o Ambiente e a Gestão da Energia. Escola de Minas de Douai ;

4. **Ademe, (2001).** Le savoir-faire frangais en matiёre de surveillance de la qualite de l'air ambiant, données et rёfёrences. Agence de l'environnement et de la maitrise de l^nergie. ADEME ёditions, Angers ;

5. **Ademe, (2006).** As alterações climáticas. [Em linha] *http:/ / www.ademe.fr/ changements climatiques ;*

6. **ADG ONG, (2011).** Guia prático para utilização das comunidades rurais do Delta do Saloum, Sёnёgal

7. **Agence de la sante et des services sociaux de Chaudiere-Appalaches, (2009).** "Quando o calor se torna perigoso", Disponível em em : http://www.santeetenvironnement.ca/. Acedido em 26 de junho de 2009

8. **Ahouandjinou Nathanael O. D., (2004).** "pressão urbana sobre as zonas húmidas: o caso dos vales de zounvi e boue em porto-novo (benim)", **Memoire de maitrise de geographie,** Universh^ d'Abomey-Calavi (UAC), Bёпт.

9. **Akbari H., Pomerantz M., Taha H., (2001),** "Cool surfaces and shade trees to reduce energy use and improve air quality in urban areas", *Solar energy,* Vol. 70, pp. 95-310.

10. **Ali Toudert, (2001).** "Mёthodologie d'intёgration de la dimension climatique en urbanisme", in *"Les cahiers de L 'EPAU,"* No. 9/10, Algiers, p. 108.

11. **Aminata D., (2006).** Dynamique de 1 occupation des sols dans des niayes de la region de Dakar de 1954 a 2003 : exemples de la grande niaye de Pikine et de la niaye de Yembeul. Mёто1re de DEA de gёographie, Universite Cheikh Anta Diop de Dakar. (www.memoireonline.com).

12. **Arnfield J.A., (2003).** Two Decades of Urban Climate Research: a Review of Turbulence, Exchanges of Energy and Water, and the Urban Heat Island, *International Journal of Climatology,* 23: 1-26

13. **Assako Assako R.J., (2000).** Mёthode navette image-terrain pour la realisation des cartes d'occupation du sol en milieu urbain africain: le cas de Yaoundё (cameroun). *TELEDETECTION,* vol. 1, p. 285-303.

14. **Departamento de Química Atmosférica, (2005)** [Online]. *http://www.atmosphere.mpg.de* (Página consultada em 10/05/2014)

15. **Barima Y S. S., 2009.** Dynamique, fragmentation et diversite vёgёtale des paysages forestiers en milieux de transition foret-savane dans le Dёpartement de Tanda (Cote d'Ivoire). Tese de doutoramento Universite Libre de Bruxelles

16. **Batty M. e Howes D., (2001).** Predicting temporal patterns in urban development from remote imagery (Previsão de padrões temporais no desenvolvimento urbano a partir de imagens remotas). Em J. P. Donnay, Barnsley & Longley (Eds.), Remote sensing and urban analysis (pp. 185-204). Londres: Taylor and Francis.

17. **Behera, M. D., Borate, S. N., Panda, S. N., Behera, P. R. e Roy, P. S. (2012).**

Modelagem e análise da dinâmica da bacia hidrográfica usando Cellular Automata (CA) - modelo Markov: uma abordagem baseada em geoinformação. Ciências do Sistema Terrestre, 121 (4): 1011-1024.

18. **Besancenot J., (2002).** "Ondas de calor e mortalidade^ em grandes aglomerações urbanas", *Environnement, risques et sante*, Vol. 4, No. 1, pp. 229-240.

19. **Besancenot, J., (2007).** *"Sante et changement climatique, la montéee de l'inquietude",* Vol. 44, No. 10.

20. Adam S. e Boko M. **(1993).** Le Bënin. Paris, Edicef, 2ëme ëdition, 93 p.

21. **Bessemoulinet P. Olivieri J., (2000)** *Thermal radiation, radiation balance and greenhouse effect,* [Online] *http://www. uwsp.edu/geo/faculty/ritter/glossary/A D/albedo.html* , (Página consultada em 10.01.2006)

22. **Bianchin A., Bravin L., (2004).** Reprodnetibilite des procëdures d'extraction de 1 espace urbain. *Revue Franqaise de Photogrammetrie et de Teledetection*, n° 173/174, p.93-103.

23. **Bianchin A., Bravin L., (2004).** Reproductibilite des procëdures d'extraction de 1 espace urbain. *Revue Franqaise de Photogrammetrie et de Teledetection*, n° 173/174, p.93-103.

24. **Bigot S., Zin I., Diedhiou A., (2005):** Apports de données de HRV de SPOT pour l^tude des variations phdnologiques dans le bassin de 1'Оиётё (Бёши). *Teledeteção.* Vol 4(4).pp.339-353.

25. **Blanc N., (2007),** *"Vers une esthetique environnementale,* Editions Quae Coll, Nss Indisciplines," Paris. DOI : 10.1051/nss/2009045

26. **Bolund P., Hunhammar S., (1999).** "Ecosystem services in urban areas", *Ecological Economics*, Vol. 29, pp. 293-301.

27. **Bouchard M., e Smargiassi A., (2007).** *"Estimation des impacts sanitaires de la pollution atmospherique au Quebec : essai d'utilisation du air quality benefits assessment tool",* (AQBAT), Institut National de Santë publique du Quebec, 59 p.   *Disponível em este endereço : http://www. inspq.qc.ca/pdf/publications/817 ImpactsSanitairesPollutionAtmos.pdf*

28. **Bourque A., Simonet G., Lemmen, D.S., Warren, F.J., Lacroix, J., Bush, E., (2007).** *Quebec,* Cap. 5. In: "From Impacts to Adaptation: Canada in a Changing Climate", Governo do Canadá, Ottawa, pp. 171-226.

29. **Brady E., (2007).** "Vers une veritable esthetique de l'environnement: lamination des EonPёгез et des oppositions dans l'expërience esthetique du paysage", *Cosmopolitiques*, 15 pp. 61-72.

30. **Bridier S., Quenol H. e Kermadi S., (2005).** Mëthodes d'analyse de la repartition des tempëratures et de 1 ilot de chaleur urbain a Lyon. *XXᵃ conferência da Associação Internacional de Climatologia.* Gënes, 85-88.

31. **Bridier S., Quenol H. e Kermadi S., (2005),** "Mëthodes d'analyse de la repartition des tempëratures et de 1 ilot de chaleur urbain a Lyon", *XXeme colloque de l'Association Internationale de Climatologie.* Gënes, 85-88, 2005.

32. **Caloz, R. e Collet, C. (2001)** Precis de Tëlëdëtection, vol. 3 : Traitements numëriques d'images de tëlëdëtection. Presses de I'Universite du Quebec et Agence universitaire de la Francophonie, Sainte-Foy, 386 p.

33. **Cantat O., (2004).** L'ilot de chaleur urbain parisien selon les types de temps. *Norois*, 2, 75-102.

34. **Carrega P, (1994).** "Topoclimatologia e habitat. Revue d'Analyse Spatiale Quantitative et Appliqueeu", Thëse d'Etat, vol 35&36, 408p,

35. **Carrega P. (1994).** *Topoclimatologia e habitat.* Revue d'Analyse Spatiale Quantitative et Appliqueeu Thëse d'Etat, vol 35&36, 408p,.

36. **Cavayas F. e Baudouin Y., (2008).** *"Etude des biotopes urbains etperiurbains de la CMM,*

Volets 1 et 2: Evolution des occupations du sol, du couvert végétal et des ilots de chaleur sur le territoire de la Communaute metropolitan de Montreal (19842005)". Conseil Rëgional de l'Environnement de Laval 123p.

37. **Chen, H. e Pontius, R. G. (2010).** Ferramentas de diagnóstico para avaliar uma projeção espacial de alterações do solo ao longo de um gradiente de uma variável explicativa. Landscape Ecology, 25 : 13191331.

38. **Chi X., Maosong L., Cheng Z., Shuqing A., Wen Y., Jing M.C., (2007).** "The spatiotemporal dynamics of rapid urban growth in the Nanjing metropolitan region of China" *Landscape Ecology*, n° 22, p.925-937.

39. **Chopin F., Mering C., (2004).** Cartographie de la densite du bati par analyse granulomëtrique des images de tdldddtection. *Revue Franqaise de Photogrammetrie et de Teledetection*, n° 173/174, p.113-122.

40. **Chopin F., Mering C., (2004).** Cartographie de la densitd du bati par analyse granulomdtrique des images de tdldddtection. *Revue Franqaise de Photogrammetrie et de Teledetection*, n° 173/174, p.113-122.

41. **Clarke K.C., Parks B.O. e Crane M.P., (2002).** Geographic information systems and environmental modeling (Sistemas de informação geográfica e modelação ambiental). Nova Jersey: Prentice Hall.

42. **Colombert M., (2008)**, "*Contribution a l'analyse de la prise en compte du climat urbain dans les differents moyens d'intervention sur la ville*", Universitd Paris-Est, tese de doutoramento, 538 p.

43. **Conselho Económico e Social (CES), (2007).** *Tendances demographiques à echelle mondiale, relatório do secretário-geral*, 25p. [Em linha] URL: http://daccess-dds-ny.un.org/doc/UNDOC/GEN/N07/206/12/PDF/N0720612.pdf ?OpenElement. Consultado em 3 de maio de 2012.

44. **Conseil Regional de 1 Environnement de Laval, (2008).** (CRE Laval), disponível em: http://www.cmm.qc.ca/biotopes/ , consultado em 14 de agosto de 2014.

45. **Conselho Regional do Ambiente de Montreal** (CRE de Montreal), **(2008)**. *"Les materiaux reflechissants et permeables pour contrer les ilots de chaleur urbains"*, 20 p. Disponível no seguinte endereço   endereço: http://www.cremtl.qc.ca/fichiers-cre/files/pdf991.pdf

46. **Conseil Regional de 1 Environnement de Montreal** (CRE de Montreal), **(2010)**, " *Guide sur le verdissement pour les proprietaries institutionnels, commerciaux et industriels* ", 42 p. Disponível no seguinte endereço: http://www.cremtl.qc.ca/fichiers- cre/files/SBM2010/Guide Verdissement Entreprises.pdf

47. **Conseil Regional de I'Environnement de Montreal**, **(2007)**, *"Lutte aux ilots de chaleur urbains"*, Le Conseil, Montreal, 54 p.

48. **Coquillard, P. e Hill, D. (1997).** Modëlisation et simulation d^cosystemes : des modeles dëterministes aux simulations a ëvënements discrets. Masson, 2: 100-124.

49. **Coutts A. M., Beringer J., Tapper N., (2008)**, "Changing urban climate and CO2 emissions: implications for the development of policies for sustainable cities", *Urban Policy and Research*, In Press.

50. **CRODT, (2006).** Recensement National de la Peche artisanale maritime sënëgalaise. Relatório final

51. **Deng J.-S., Wank K., Li J., Deng Y.-H., (2009).** Deteção de mudanças no uso do solo urbano usando imagens de satélite multisensor. *PEDOSPHERE*, n° 19 (1), p. 96-103.

52. **Denis Hebert,** abril de 2014, "(lotes de calor urbano e alterações climáticas", Dëpartement de Gëomantique applique ; Facultës des Lettres et des Sciences Humaines ; Universe de Sherbrooke

53. **Ding H., Wang R.C., Wu J. P., Zhou B., Shi Z., Ding L. X., (2007)**. "Quantificação da mudança de uso da terra na região costeira de Zhejiang", China, usando imagens multitemporais Landsat TM/ETM+. *°PEDOSPHERE*, n 17(6), p. 712-720.

54. DOI : 10.1080/01431169008955053

55. **Donnay J.P. e Unwin D., (2001)**. Modelação de distribuições geográficas em áreas urbanas. Em Donnay, Barnsley, Longley (eds.), Remote Sensing and Urban Analysis, pp. 205-224.

56. **Dubreuil V., Montgobert M. et Planchon O., (2002), "** Une mëthode d'interpolation des tempëratures de 1 air en Bretagne : combinaison des paramëtres gëographiques et des mesures infrarouge ", NOAA-AVHRR. *Hommes et Terres du Nord*, no. 1, pp. 2639, 2002.

57. **Dubreuil V., Montgobert M. e Planchon O., (2002)**. Une methode d'interpolation des tempëratures de 1 air en Bretagne: combinaison des paramëtres gëographiques et des mesures infrarouge NOAA-AVHRR. *Hommes et Terres du Nord*, no. 1, pp. 26-39.

58. **Durieux L., Lagabrielle E., Nelson A., (2008)**. Um método para monitorizar a construção de edifícios em áreas de expansão urbana utilizando a análise baseada em objectos de imagens Spot 5 e dados SIG existentes. *ISPRS Journal of Photogrammetry and Remote Sensing*, n° 63, p. 399-408.

59. **Durieux L., Lagabrielle E., Nelson A., (2008)**. Um método para monitorizar a construção de edifícios em áreas de expansão urbana utilizando a análise baseada em objectos de imagens Spot 5 e dados SIG existentes. *ISPRS Journal of Photogrammetry and Remote Sensing*, n° 63, p. 399-408.

60. **Eastman, J. R. (2006)**. IDRISI Andes. Guide to GIS and Image Processing. Worcester, Clark University, 457 p.

61. **Efe S. I., O. A. Eyefia, (2014)**. "Aquecimento urbano na cidade de Benin, Nigéria", Ciências atmosféricas e climáticas, 4, 241-252. . http://dx.doi.org/10.4236/acs.2014.42027, Departamento de Geografia e Planeamento Regional, Universidade Estadual do Delta, Abraka, Nigéria

62. **English P., Fitzsimmons K., Hoshiko S., Margolis H., McKone T.E., Rotkin-Ellman M., Solomon G., Trent R., Ross Z., (2007)**, "Public health impacts of climate change in California: community vulnerability assessments and adaptation strategies", *relatório n.° 1: heat-related illness and mortality, Informação para a Rede de Saúde Pública da Califórnia*. Departamento de Saúde Pública da Califórnia, Salt Lake City, 49 p.

63. **Fao, (1995)**. Avaliação dos recursos florestais em 1990. Síntese global, FAO, Roma

64. **Faure J-F., Tran A., Gardel A., Polidori L., (2004)**. Elaboração de um índice de densidade populacional e análise da sua distribuição espacial em Belém (Brasil) e Caiena (Guiana Francesa). *Revue Franqaise de Photogrammetrie et de Teledetection*, n° 173/174, p.135-144.

65. **FEDELE C., (2010)**. "Adaptation de la ville a l'augmentation des tempbratures". Etude en droit de l'urbanisme". Tese de Mestrado II Profissional "Droit et mbtiers de l'urbanisme et de l'immobilier"; UNIVERSITE PAUL CEZANNE AIX- MARSEILLE III FACULTE DE DROIT ET DE SCIENCES POLITIQUES.

66. **Foody G.M., (2002)**. "Status of land cover classification accuracy assessment", Remote Sensing of Environment, vol. 80, pp. 185-201. DOI : 10.1016/S0034-4257(01)00295-4

67. **Foody, G.M. (2002)**. Estado da avaliação da exatidão da classificação da ocupação do solo. Remote Sensing of Environment, 80, pp. 185-201.

68. **Francoual T. (1994)**. *Oasis, aviso de utilização do lógico.* Paris: Laboratoire de Science des sols et Hydrologie de l'INA-PG, 18 p.

69. **Gar-On Yeh A., Li X., (2001)**. Medição e monitorização da expansão urbana numa região em rápido crescimento utilizando a entropia. *Photogrammetric Engineering and Remote Sensing*, vol. 67, n°1, p.83-90.

70. **Geist, H. J. e Lambin, E. F. (2001).** What Drives Tropical Deforestation? A metaanalysis of proximate and underlying causes of deforestation based on subnational case study evidence. Série de relatórios LUCC, n.º 4, 136 p.

71. **IPCC, (2001).** *"Climate Change Assessment: The Scientific Basis"*, Relatório de Trabalho I do Painel Intergovernamental sobre as Alterações Climáticas, Suíça. [Em linha] *http://www.ipcc.ch* (Página consultada em 25 de março de 2004)

72. **Girard C.M., Girard M.C. (1994).** "Aide a la cartographie d'unites paysageres par une mëthode d'analyse du voisinage des pixels: application en Basse Normandie". *Foto-interpretação*, n°3-4, p. 145-154.

73. **Girard, M. C. e Girard, C. M. (1999).** Traitement des données de tëlëdëtection. Dunod, Paris, 529 p.

74. **Givoni B., (1989), "**Urban design in different climates", *WCA-10, WMO/TD,* No. 346, W.M.O.

75. **Haentjens, J.,** (2008), "Les villes lievres ; Rendre dësirable le dëveloppement durable, *Futuribles*, n° 342, pp. 49-53.

76. **Hans Wackernagel**, (2013), Basics in Geostatistics 1, Geostatistical structure analysis:The variogram; MINES ParisTech; NERSC, abril de 2013.
http://hans.wackernagel.free.fr

77. **Herold M., Goldstein N.C. e Clarke K.C., (2003)**. A forma espácio-temporal do crescimento urbano: medição, análise e modelação. Sensoriamento Remoto do Meio Ambiente 86(2003)286-302

78. **Herold M., Menz G. e Clarke K.C., (2001)**. Sensoriamento remoto e modelos de crescimento urbano - exigências e perspectivas. Simpósio sobre deteção remota de áreas urbanas, Regensburg, Alemanha, junho de 2001, Regensburger Geographische Schriften, vol. 35, em CD-ROM suplementar. 35, em CD-ROM suplementar.

79. **Herve Quenol, Olivier Vergne e Vincent Dubreuil, (2007).** Anais XIII Simposio Brasileiro de Sensoriamento Remoto, Florianopolis, Brasil, 21-26 avril 2007, INPE, p. 5467-5469. Apport de la дёотайдие pour la etiraeleristition de l'Ilot de Chaleur Urbain a Rennes (France), Laboratoire COSTEL, UMR6554 LETG University Rennes2, place du recteur Henri Le Moal, 35043 Rennes Cedex (France) herve.quenol@uhb.fr ; vincent.dubreuil@uhb.fr

80. **Hountondji I.C.H., (2008)**: Dynamiques environnementales en zones sahëlienne et soudanienne de 1'Afrique de 1'Ouest : Analyse des modifications et ëvaluation de la dëgradation du couvert vëgëtal. Thëse pour obtenir le grade de Docteur en Sciences de l'univershy de Liëge, Belgique. 153 p.

81. **Hu Z., Lo C. P., (2007)**, "Modeling urban growth in Atlanta using logistic regression*" Computers, Environment and Urban Systems*, n° 31, p. 667-688.

82. **Inglada J., (2001)**. *Estado da arte na deteção de alterações em imagens de deteção remota.* Toulouse: CNES, 20 p.

83. **Jacquin A., Misakova L., Gay M., (2008)**. Uma abordagem híbrida de classificação baseada em objectos para cartografar a expansão urbana em ambiente periurbano. *Landscape and Urban Planning*, n° 84, p. 152-165.

84. **Jean-Marc Jancovici, (2004)**, *"Le rechauffement climatique : reponse a quelques questions elementaires"*, x- Environnement. [Online] *http://www.x-environnement.org,* (Page consultëe le 4 November 2004)

85. **Jensen J.R. e Cowen D.C., (1999)**. Remote sensing of urban/suburban infrastructure and socioeconomic attributes (Deteção remota de infra-estruturas urbanas/suburbanas e atributos socioeconómicos). Photogrammetric Engineering and Remote Sensing, 65, 5:611 - 622.

86. **Katrina Ao, Hanh Ngo T.M, (2006).** *"Uma análise SIG da ilha de calor urbana de*

Vancouver. ", Parte resultados e secção, *www.geog.ubc.ca/courses/klink/g470/class00/kf0/pointb.htm* (Página consultada em 16 de maio de 2013).

87. **Kressler F., Kim Y., Steinnocher K. (2003).** "Classificação da ocupação do solo orientada para objectos de dados pancromáticos KOMPSAT-1 e SPOT-5". *Actas do IGARSS 2003 IEEE*, Toulouse.

88. **Lachal B., (1995).** *"Quelques aspects du climat urbain de Geneve et ses consequences sur l'environnement"*, p. 119, in Lachal B, Romerio F, Weber W, (Ed.), Actes de la journee du CUEPE N° 62, Universite de Geneve'.

89. **Lacroix V., Idrissa M., Hincq A., (2005).** Spot 5 para a deteção da urbanização. *Revue Frangaise de Photogrammetrie et de Teledetection*, n° 178, p.3-11.

90. Lambin, E.F. et al., 2001. The causes of land-use and land-cover change: moving beyond the myths. Global Environmental Change, 11, pp. 261-269.

91. **Leconte F, petrissans M. (2014).** Caratitiisation des ilots de chaleur urbaines par zonage climatique et mesures mobiles : cas de Nancy. p.274. Escola de doutorado Ressources Procëdës Produits Environnement. Universidade de Lorraine.

92. **Leroux Louise, (2012).** "Analyse diachronique de la dynamique paysagëre sur le bassin supërieur de l'0иётё (Benin) a partir de l'imagerie Landsat et MODIS- Cas d^tude du communal de Djougou", Rapport 2012, Hydrosciences Montpellier, ANR ESCAPE.

93. **Loireau M. (1998)** : Espaces - Ressources - Usages : Spatialisation des interactions dynamiques entre les systëmes sociaux et les systëmes ëcologiques au Sahel nigërien. Thëse Universite Montpellier III - Paul Valery 411 p.

94. **Lopez-Paniagua, J., F. J. Romero y A. Velazquez. (1996).** Actividades humanas e seu impacto no habitat do zacatuche conejo. In: Velazquez, A., F.J. Romero y J. Lopez- Paniagua (Eds). Ecologia y conservação do conejo zacatuche Romerolagus diazi y seu habitat. Fondo de Cultura Económica/ Universidad Autonoma de Mëxкo, pp. 119-132.

95. **M.G.O.P. Obasi, (2001).** *"Cities accentuate climate revolution,* WMO", [Online] *http://www.wmo.ch/web/Press/citiesfr.html* (Page eonsriltee le 15.02.2006)

96. **Maestripieri, N. (2012).** Dinâmica espaço-temporal das plantações industriais de ГогезЁёгез no sul do Chile. De l'analyse diachronique a la modëlisation prospective. Tese de doutoramento, Universite Toulouse 2 Le Mirail, Toulouse, França. 357 P.

97. **Maestripieri, N. e Paegelow, M. (2013).** Validação espacial de dois modëles de simulação: l'exemplo de plantações industriais no Chile. Cybergeo: European Journal of Geography, Systëmes, Modëlisation, Gëostatistics. 653, 30 p.

98. **Mahamane A. (2007):** Analyse diachronique de 1 occupation des terres et caratieristiques de la vëgëtation dans la commune de Gabi (region de Maradi, Niger) pp.296-304.

99. **Mahe G. Olivry J.C. Desouassi R. Orange D. Bamba F. e Servat E. (2000):** Relation Eaux de surface-eaux souterraines d'une riviere tropicale au Mali, C.R. Acad. Sci., Sciences de la Terre et des Pkinetes, 330, 689-692.

100. **Major D. J., Baret F., Guyot G., (1990).** "A ratio vegetation index adjusted for soil brightness", International Journal of Remote Sensing, vol. n° 5, p. 727-740.

101. *MAS J.F., (2000)* "A review of tdldddtection methods and techniques de mudança". *Canadian Journal of Remote Sensing*, vol. 26, no. 4, pp. 349-362.

102. **Mas, J.-F., Kolb, M., Houet, T., Paegelow, M. e Camacho-Olmedo, M. T.**

(2011) . Informar a escolha de ferramentas para simular mudanças nos padrões de uso e ocupação do solo. Geomática e utilização dos solos, pp. 405-430.

103. *Masek J.G., Lindsay F.E., Goward S.N., (2000),* "Dynamics of urban growth na área metropolitana de Washington DC", 1973-1996, a partir de observações Landsat.

International Journal of Remote Sensing, vol. 21, no. 18, p. 3473-3486.

104. **Maurice G. Estes, Jr., Virginia Gorsevski, Camille Russell, Dale Quattrochi, Jeffrey Luvall (2014).** "The Urban Heat Island Phenomenon and Potential Mitigation Strategies and Potential Mitigation Strategies," Alabama, p 4. *http://www.ghcc.msfc.nasa.gov* (Página acedida a 15 de janeiro de 2014).

105. **McKee, J.K.; Sciulli, P.W.; Fooce, C.D.; Waite, T.A. (2003)**. Forecasting global biodiversity threats associated with human population growth (Previsão das ameaças à biodiversidade global associadas ao crescimento da população humana). Biological Conservation, 115, pp. 161-164.

106. **Melissa Giguere, M. Env, (2009)**, "Biological risk management, environnementaux et occupationnels " ; Institut national de sante publique du Quebec

107. **MEPN-DPN, (2011).** Plan d'amenagement et gestion de 1 aire marine protégee de Cayar 2011 -2015. janeiro de 2011

108. **Michard R., (1966)**. Le Soleil, Paris, p. 69, 71, 72.

109. **Moise Tsayem Demaze e Alain Trebouet, (2008).** "Cartografia e avaliação multi-echelle de 1'etalement urbain a 1'aide d'images Spot XS : Exemple du Mans (Ouest-France) ", UMR CNRS ESO-GREGUM, Universite du Maine, Avenue O. Messiaen 72085 Le Mans cedex 09.

110. **Morgane Colombert e Philippe Boudes**, **(2012)**, "Adaptation aux changements climatiques en milieu urbain et approche globale des trames vertes ", *VertigO - la revue electronique en sciences de l'environnement* [En ligne], Hors-serie 12 | mai 2012, publié en ligne le 15 mai 2012, consulte le 11 aout 2014. URL: http://vertigo.revues.org/ 11821; DOI: 0.4000/vertigo.11821

111. **Morgane Colombert, Jean-Luc Salagnac, Denis Morand e Youssef Diab**, (2012) . "Le climat et la ville : la пёесвввкё d'une recherche croisant les disciplines", *VertigO - la revue electronique en sciences de l'environnement* [En ligne], I lors-serie 12 | mai 2012, carregado em 15 de maio de 2012, acedido em 12 Ago 2014. URL : http://vertigo.revues.org/11811 ; DOI : 10.4000/vertigo.11811

112. **Moulinie C., Naudin-Adam M., (DUAT), (2005).** "nota rápida sobre 1'occupation du sol" №383, institut d'amënagement et d'urbanisme de la region d'Ile d e France.

113. **MOUSSA M. S., (2006).** Systëme d'information (SIG) et dynamique de l'occupation du sol du bassin versant du kori Goubë degre carre du Niger. Mëтоlre de DEA gëographie, Ftierilte des Lettres et Sciences Humaines, Universite Abdou Moumouni de Niamey, 73p.

114. **N'bessa B., (1997)**. "Porto-Novo et Cotonou (Bëпт): origine et ëyo1иPoп d'un doublet urbano". Bordeaux III. Universite Michel de Montaigne : Thëse de Doctorat d'Etat es Lettres.416 páginas e apêndices.

115. **Nikolopoulou, M., (2004).** *Conceber espaços exteriores para o ambiente uma abordagem bioclimática.* Centro de Fontes Renováveis de Energia, 64 p.

116. **Noyola-Medrano, M.C. (2006)**. Evolução morfológica atual do Champ Volcanique de la Sierra Chichinautzin (Mexique) a partir de 1'analyse tomomorphomëtrique des cones de scories et du changem ent de l'occupation du sol. Tese de Doutoramento. Universite Paris 7 Denis-Diderot.

117. **Oke T.R., (1978)**. *Boundary layer Climates.* Methuen & Co, Londres, 372 p.

118. **Oke T.R., (1988)**. "Street design and urban canopy layer climate", *Energy and Edificios,* Vol. 11, pp. 103-113.

119. **Oke, T.R. (1981)**. "A geometria dos desfiladeiros e a ilha de calor urbana nocturna: comparação de modelos à escala e observações de campo". *International Journal of Climatology*, nol, p. 237- 254.

120. **Oke, T.R.,** **(1987)** *"Boundary layer climates".* 2ª ed., Routeledge, Londres, 474 p.

121. **Oke, T.R.,** **(1988)** "The urban energy balance Progress" em *geografia física,* Vol. 12, pp 471-508.

122. **Oloukoi J, Vincent JM. ;t AGBO, FB. (2006)** modëlisation de la dynamique de 1 occupation des terres dans le dëpartement des collines au Ьётп in journal canadien de tëlëdëtection vol. 6, n° 4, p. 305-323

123. **Oszwald J., Lefebvre A., Arnault DE Sartre X., Thales M., Gond V., (2010)** : Análise das direções de mudança nos ëtats de superfície yëdë!аих para informar a dinâmica da frente pioneira de magaranduba (para, bresil) entre 1997 e 2006. *Revista de teledeteção.* Vol 9(2). pp. 97-111.

124. **Ouattara T., Dubois J.M., Gwyn J., (2006).** "Métodos para o mapeamento de. l'occupation des terres en milieu aride a l'aide de données multi-sources et de l'indice de vëgëtation TSAVI', Tëlëdëtection, vol. 6, no. 4, pp. 291-304.

125. **OUSSEINI I., (1994).** " Rëpartition spatiale de 1 occupation humaine et ressources naturelles dans la region du fleuve Niger, in Au contact Sahara-Sahel Milieux et sociëtës du Niger, Revue de gëographie alpine, vol 2, pp 159-170.

126. **Ferramentas** **Solar, (2009).** *Glossário Solar* : http://www.outilssolaires.com/Glossaire/default.htm. Consultado em 3 de abril de 2009.

127. **Paegelow, M. (2004).** Gëomática e gëografia do ambiente: De l'analyse spatiale a la modëlisation prospective. Habilitation a Diriger des Recherches, Universite de Toulouse - Le Mirail, França. 211 p.

128. **Paegelow, M. e Camacho-Olmedo, M. T. (2005).** Possibilidades e limites da modelação prospetiva da ocupação do solo em SIG - um estudo de caso comparado: Garrotxes (França) e Alta Alpujarra Granadina (Espanha). Revista Internacional de Ciência da Informação Geográfica, 19 (6) : 697-722.

129. **Paegelow, M., Villa, N., Cornez, L., Ferraty, F., Ferre, L. e Sarda, P. (2004).** Modëlisations prospectives de 1 occupation du sol. O caso de uma montanha mëditerranëenne. Cybergeo : European Journal of Geography, Systëmes, Modëlisation, Gëostatistiques. n°295, 20 p. [em linha] http://cybergeo.revues.org/2811 (meia visita : 03/12/2013).

130. **Park M.H., Stenstrom M.K., (2008).** Classificando as actividades ambientalmente significativas usos do solo urbano com imagens de satélite. *Jornal de Gestão Ambiental,* n°86, p.181-192. Phënomëne d'ilots de chaleur en milieu urbain montreal, 4 mai 2010 ecole de technologie зирёпеиге university du диёЬес тётоие ргёзеп!ё a l'ёcole de technologie superieure

131. **Philippe Anquez e Alicia Herlem, (abril de 2011).** "Ilhas de calor no Montreal metropolitan region: causes, impacts and solutions", Universite du Quebec A Montreal (UQAM)

132. **Pickup G., and Marks A., (2000)** "Identifying large-scale erosion and deposition processes from air-borne gamma radiometrics and digital elevation models in a weathered landscape", Earh Surface Processes and Landforms, vol. 25, p. 535-557.

133. **Pigeon, G., Lemonsu A., Masson V., Hidalgo, J., (2008).** "De l'observation du microclimat urbain a la modëlisation intëgrëe de la ville", *La Meteorologie,* No. 52, pp. 39-47.

134. **Pontius, R. G. (2000).** Erro de quantificação versus localização na comparação de mapas categóricos. Photogrammetric Engineering and Remote Sensing, 66 (8): 10111016.

135. **Pontius, R. G. (2010).** Workshop Métodos de modelação das alterações do solo: calibração, validação e extrapolação. SAGEO'10 - Análise Espacial e Geomática. Toulouse. [online]

http://hal-emse.ccsd.cnrs.fr/docs/00/35/63/42/PDF/OPDE08_MBH_FP.pdf   (primeira   visita:
13/12/2013)

136. **Projeto USAID/COMFISH PENCOO GEJ, (2012).** Gestion concertëe pour
une peche durable au Sënëgal, " *dynamique de 1 occupation des terres, cartographie des CLPA,
des zones de peches et mise en place d'un systeme d'information geographique (SIG)* " Relatório
de execução, julho de 2012.

137. **Puissant A., Weber C., (2004).** Dëmarche orientëe "objets-attributs" et
Classificação de imagens THRS. °*Revue Franqaise de Photogrammetrie et de Teledetection*, n
173/174, p.123-134.

138. **Rahim Aguejdad, (2009).** Expansão urbana e ë avaliação do seu impacto na
biodiversite, de la reconstitution des trajectories _a la modëlisation prospective. Application _a
une agglomëration de taille moyenne : Rennes Metropole. Geografia. Univershy Rennes 2, 2009.
Francês. <tel-00553665>

139. REPAO, Análise das práticas, das políticas e das instituições de luta contra o racismo e a
xenofobia
alterações climáticas em Sënëgal

140. **Recursos naturais**   **Recursos naturaisCanadá, 2004**, "Um   tempo
     de mudança   :   o
changements climatiques au Quebec, un climat en constante transformation", Acessível em
http://adaptation.nrcan.gc.ca/posters/qc/qc 02 f.php Оопвикё em 13 de novembro de 2008.

141. **Saaty, T. L. (1990).** Como tomar uma decisão: The Analytic Hierarchy Process.
Jornal Europeu de Investigação Operacional, 48: 9-26.

142. **Salomon T., Aubert C.,** 2004, "*La fraicheur sans clim",* Terre Vivante, Paris,
160 p.

143. **SANDA GONDA Hassane, (2010).** "Cartographie de la dynamique de l'occupation des
sols et de l'erosion dans la ville de Niamey et sa përiphërie", Mëmoire de Maitrise en gëographie
2010, Universite Abdou Moumouni de Niamey, Facultë des Lettres et Sciences Humaines /
Dëpartement de Gëographie.

144. **Sarr M.A., (2009).** Cartografia das mudanças de 1 ocupação do sol entre
1990 e 2002 no norte de Sënëgal (Ferlo) a partir de imagens Landsat. *Cybergeo : European
Journal of Geography* [Online], Environment, Nature, Pay sage, artigo 472, online 07 de outubro
de 2009, acedido em 30 de outubro de 2012. URL : http://cybergeo.revues.org/22707 ; DOI :
10.4000/cybergeo.22707

145. **SARR M.A., 2009**: Cartographie des changements de 1 occupation du sol entre
1990 e 2002 no norte de Sënëgal (Ferlo) a partir de imagens Landsat. Cybergeo : European Journal
of Geography [Online], Environnement, Nature, Paysage, artigo 472, online 07 de outubro de
2009, acedido em 30 de outubro de 2012. URL : http://cybergeo.revues.org/22707 ; DOI :
10.4000/cybergeo.22707

146. **Sebastien Bridier, Anais XIII Simposio Brasileiro de Sensoriamento
Remoto, Florianópolis**, Brasil, 21-26 de abril de 2007, INPE, p. 5467-5469. Apport de la
gëomatique pour la cara^risation de l'Ilot de Chaleur Urbain a Rennes (France), UMR ESPACE,
Universite de Provence, Avenue Robert Schuman, 13 Aix en Provence (France)
Sebastien.bridier@up.univ-mrs.fr

147. **Sietchiping R., 2003.** Evolução do espaço urbano de Yaoundë, Camarões,
entre 1973 e 1988 por tëlëdëtection. *TELEDETECÇÃO*, vol. °3, n 2-3-4, p. 229-236.

148. **Skupinski G., Binh Tran D., Weber C.,** 2009. Multi
datas e mëtrica espacial no estudo das mudanças urbanas e suburbanas - O caso do vale inferior do
Bruche (Bas-Rhin, França). *Cybergeo, Revue Europeenne de Geographie,* n° 439, 22 p.

149. **Soares-Filho, B. S., Pennachin, C. L. e Cerqueira, G. (2002).** DINAMICA -
um modelo de autómato celular estocástico concebido para simular a dinâmica da paisagem numa
fronteira de colonização amazónica. Ecological Modelling, 154 (3) : 217-235.

150. **Taibou Ba e Dieynaba Seek. 2012.** Dynamique de L'Ocupation des sols ,
cartografia dos CLPA, das zonas de pesca e criação de um sistema de informação geográfica.
Centre de Suivi Ecologique e Projeto USAID/COMFISH, Senegal, Universidade de Rhode Island,
Narragansett RI, 66 pp.

151. **Tanina Drissa Soro, Bernard Dje Kouakou, Ernest Ahoussi Kouassi, Gbombele
Soro, Amani Michel Kouassi, Konan Emmanuel Kouadio, Marie-Solange Oga Yei e
Nagnin Soro, 2013.** "Hydroclimatologie et dynamique de l'occupation du sol du bassin versant
du Haut Bandama a Tortiya (Nord de la Cote d'Ivoire)", Les ëditions en environnement :
VERTIGO, Volume 13 Nuinero 3 / dëcembre 2013

152. **Thompson, R. S.; Anderson, K. H.; Bartlein, P. J. 1999.** Atlas de Relações
Between Climatic Parameters and Distributions of Important Trees and Shrubs in North America
(Entre Parâmetros Climáticos e Distribuições de Árvores e Arbustos Importantes na América do
Norte). U.S. Geological Survey, Professional Paper 1650, parte A e parte B.

153. **Trottier A., (2008).** *"Toitures vegetales: implantation de toits verts en milieu
institutionnel", Etude de cas :* Universo do Quebeque A Montreal (*UQAM),* 80 p.

154. **UICN, (2007)** Mangrove du Sënëgal, Charte de gestion, Rapport final : les mangroves du
Sënëgal ; situation actuelles des ressources, leur exploitation, leur conservation .

155. **Agência de Proteção Ambiental dos Estados Unidos (USEPA), (2008).** a, "
Ground-level   ozone: health   and   environment"   USEPA.   Disponível   em:
http://www.epa.gov/air/ozonepollution/health.html . Consuh^ 26 de junho de 2014.

156. **Agência de Proteção Ambiental dos Estados Unidos** (USEPA), (**2008**). b, "
Reducing urban heat islands: compendium of strategies, urban heat island basics", USEPA,
Washington, DC, 19 p.

157. **Vagen, T.G. (2006).** Deteção remota de trajectórias complexas de alteração do uso do solo.
um estudo de caso das terras altas de Madagáscar.   Agricultura, Ecossistemas &
Ambiente, 115(1-4), pp. 219-228.

158. **Velazquez A., et al, (2002).** "Patrones y tasas de cambio de uso del suelo en
Mëxкo". Gaceta Ecologica, 62, pp. 21-37.

159. **Verburg, P. H., Soepboer, W., Veldkamp, A., Limpiada, R., Espaldon, V. et
Sharifah Mastura, S. A. (2002).** Modeling the Spatial Dynamics of Regional Land Use: the
CLUE-S Model. Environmental Management, 30 (3): 391-405.

160. **Verheij R. A, (1995),** "Explaining urban-rural variations in health: a review of
interações entre indivíduo e ambiente " Social Science and Medicine 42, pp. 923-935

161. **Vincent Dubreuil, Herve Quenol, Vincent Nedelec, Jean Francois Mallet,
Laurent Durieux e Gilda Maitelli, (2008), "** ëtude de l'impact du changement de
l'occupation du sol sur les tempëratures dans la region d'Alta Floresta, Bresil " ; Bulletin de la
Sociëtë gëographique de Liëge, 51, 2008, 79-90

162. **Vitousek, P.M., Mooney, H.A., Lubchenco, J., Melillo, J.M. (1997).** O ser humano
dominação dos ecossistemas da Terra. Science, 277, pp. 494-499.

163. **Voogt J. A., (2002).** "Urban heat island" (Ilha de calor urbana), *Encyclopedia of global
environmental
mudança*" Vol. 3, pp. 660-666.

164. **White F., (1983).** A vegetação de África. UNESCO, Paris. 356 p.

165. **Xavier FOISSARD, 2015,** "A ilha de calor urbana e a mudança
climatique : application a l'agglomëration rennaise", Tese de doutoramento na Universidade de

Rennes 2 Haute-Bretagne. 247p.

166.

167. **Xian G., Crane M., McMahon C., 2008**. Quantificação das caraterísticas multitemporais do desenvolvimento urbano em Las Vegas a partir de dados Landsat e ASTER. *Photogrammetric Engineering and Remote Sensing*, vol. 74, n°4, p.473-481.

168. **Xu H., 2007**. Extração de caraterísticas de terrenos urbanos construídos a partir de imagens Landsat
utilizando uma técnica de combinação de índices orientada para a temática. *Photogrammetric Engineering and Remote Sensing*, vol. 73, n°12, p.1381-1391.

169. **SchlaepferR. (2002)** :   Análise de   dinamiquedu
    Laboratoire de
gestion des dcosystdmes (GECOS), Ecole polytechnique iederale de Lausanne, Lausanne, 11 p.

170. **Schlaepfer R. (2003)**: Cours Ecologie du Paysage: une introduction, 53 p.

171. **Djafarou ABDOULAYE, 2014** "Dynamique De L'Occupation Des Terres Et
Ses Incidences Sur L'ecoulement Dans Le Bassin De L'oueme A L'exutoire De Beterou (Nord-Benin)", tese de doutoramento, Faculdade de Letras, Artes e Ciências Humanas (FLASH) / Universidade de Abomey-Calavi (U.A.C.)

172. **Kouassi Jean-Luc, 2014** "Suivi De La Dynamique De L'Occupation Du Sol A
L'aide De L'imagerie Satellitaire Et Des Systemes D'informations Geographiques : Cas De La Diretion Regionale Des Eaux Et Forets De Yamoussoukro (Cote D'Ivoire)" mdmoire de Thëse / Institut National Polytechnique / Ecole Supërieure d'Agronomie (ESA).

173. **Z. Wan, Yulin Zhang, Qincheng Zhang, Zhao-liang Li , 2002, "**Validação de
the land-surface temperature products retrieved from Terra Moderate Resolution Imaging Spectroradiometer data", Remote Sensing of Environment, Nov 2002, 83:163180

174. **Z. Wan, Y. Zhang, Z. Li, R. Wanga, V. V. Salomonsonb, A. Yvesc, R. Bossenoc e J. F. Hanocqd, 2002** "Preliminary Estimate of Calibration of the Moderate Resolution Im- aging Spectroradiometer Thermal Infrared Data Using Lake Titicaca," Remote Sensing Environment, Vol. 80, No. 1, 2002, pp. 497-515. doi:10.1016/S0034-4257(01)00327-3

175. **E. T. Crosman and J. D. Horel, 2009** "MODIS-Derived Surface Temperature of the Great Salt Lake," Remote Sensing of Environment, Vol. 113, No. 1, 2009, pp. 7381. doi:10.1016/j.rse.2008.08.013 [23]

176. **C. Coll, Z. Wan e J. M. Galvem, 2009** "Temperature-Based and Radiance-Based Validations of the V5 MODIS Land Surface Temperature Product," Journal of Geophysical Research, Vol. 114, No. D20, 2009, Article ID: D20102.

177. **Z. Wan e Z.-L. Li, 2008,** "Radiance-based Validation of the V5 MODIS Land-surface Temperature Product," Internal Journal of Remote Sensing, Vol. 29, No. 17-18, 2008, pp. 5373-5395. doi: 10.1080/01431160802036565

178. **Chu, D. A., Y. J. Kaufman, C. Ichoku, L. A. Remer, D. Tanre, e B. N.
Holben, (2002),** Validation of MODIS aerosol optical depth retrieval over land, Geophys. Res Lett, 29(12), doi:10.1029/2001GL013205.

179. **Petrenko, M. e Ichoku, C. (2013),** Coherent uncertainty analysis of aerosol
medições de múltiplos sensores de satélite, Atmos. Chem. Phys. 13, 6777-6805, doi: 10.5194/acp-13-6777-2013.

180. **Reed B.C., Brown J-F., Vander Zee D., Loveland T.R., Merchant J.W., Ohlen
D.O. (1994),** Measuring phonological variability from satellite imagery, 703-714pp.

181. **Velazquez et al.2002**

182. **AMADOU M. SANNI et al, (2009)**: Villes du sud : Dynamiques, diversites et enjeux dëmographiques et sociaux. Ed des archives contemporaines. 369 p.

183. **TRIBILLON, J. F., (1992)**: Instruments d'amdnagement et de gestion fonciere urbaine africaine. 262 p versão de estreia.

184. Revista de gdographie du laboratoire Lei'di - ISSN0051 - 2515 -N°11, dezembro
2013 , P- 267-276p Pression ddmographique et degradation de l'environnement dans le departement du Couffo au Benin FANGNON Bernardi BABADJIDE Charles Lambert2 GONZALLO Germain 3 et TOHOZIN Antoine Yves4 / 1

185. (DYNAMIQUE DE L'OCCUPATION DU SOL ET EVOLUTION DES TERRES AGRICOLES DANS LA COMMUNE DE SINENDE AU NORD-BENIN , Gildas Louis Djohy , Henri Sourou Totin Vodounon 1, 2 Nickson Esther Kinzo 1 Ddtails , 1 Departement de Gdographie et Amdnagement du Territoire, 2 LACEEDE - Laboratoire Pierre Pagney, Climat, Eau, Ecosysteme et Ddveloppement, Type de document : Article dans une revue, Cahiers du CBRST, Centre Bdninois de la Recherche Scientifique et Technique 2016, pp.101-121, Domaine : Sciences de l'environnement / Environnement et Soeiete.

186. Revista Internacional de Ciências Biológicas e Químicas, Impacts des activitds
humaines sur les ressources forestieres dans les terroirs villageois des communes de Glazone et de Dassa-Zoume au centre-Bdnin, ; B Tente, MA Baglo, JC Dossoumou, H Yedomonhan, Vol 5, No 5 (2011) >

187. Merlin, Pierre e Frangoise Choay eds. 1988. Dicionário de 1 urbanismo e de
A gestão. Paris: Presse Universitaires de France.

188. **Rouxel F., 1999**: "I'hdritage urbain et la ville de demain. Para uma abordagem de
desenvolvimento sustentável. Ministério do Equipamento, dos Transportes e da Habitação. Direção-Geral do Urbanismo, do Habitat e da Construção.

189. Johanna B., Catherine M. e Corinne V., 2014. "Podemos mapear
taches urbaines a partir d'images Google Earth?", Cybergeo : European Journal of Geography [En ligne], Dossiers, documento 682, online 24 de julho de 2014, acedido em 19 de julho de 2018. URL : http://journals.openedition.org/cybergeo/

190. A largura de banda varrida pelo satélite numa passagem é de 2300 km
http://terra.nasa.gov/About/MODIS/modis swath.php

191. Direção Regional do Ambiente, do Ordenamento do Território e da Gestão da Habitação de
Bretagne, julho de 2013, "La densitd et ses perceptions : Modalites de calcul de la densite", RAPPORTS, Service: Climat Energie Amenagement Logement, Division: Amenagement, Urbanisme et Logement, Unite: Amenagement et urbanisme durable.

192. Agence d'urbanisme de Marseille, julho de 2009, "Densidade e forma urbana".
http://www.agam.org/fileadmin/ressources/agam.org/publications/manifestations/Dens it%C3%A9 et formes urbaine 2009.pdf Trabalho de 1 agence de Marseille, sobre como as formas urbanas podem tornar a densidade mais agradável, sobre como densificar os espaços existentes. Exemplos de operações: "densifier et aerer, densifier et être chez soi en ville, densifier et eco construire" Typologie d'habitat selon les COS. Nenhum elemento de cálculo.

193. Centro de Estudos de Redes, Transportes, Urbanismo e Construção
publiques (CERTU), julho de 2002, "Densite: Concept, exemples et mesures", 9 rue Juliette Recamier 69-456 Lyon cedex 06.

Webografia

1. União Mundial para a Natureza (UICN): WWW.IUCN.org/brao
2. Diretion regionale de l'Environnement, de l'Amenagement et du Logement Bretagne: www.bretagne.developpement-durable.gouv.fr
3. Departamento de demografia da Universidade de Montreal (Canadá): www.demoumontreal.ca
4. Instituto de Investigação para o Desenvolvimento (IRD): www.ird.fr
5. Fundo das Nações Unidas para a População (UNFPA): www.unfpa.org

6.   www.google.fr

7.   Exploração URL :
http://www.mystartsearch.com/?type=sc&ts=1416941922&from=amt&uid=ST500LT012-9WS142_W0V4QQBKXXXXW0V4QQBK

8.   www.afs-journal.org

9.   www.tregouet.org

10.   http://www.iaurif.org

11.   www.techno-science.net , consultado em 29/10/2015

12.   (www.linternaute.com consultado em 22/10/2015).

13.   (http://www.guide-clea.fr/clea projet/facteur-de-vue-du-ciel/ , consultado em 20/10/2015 às 15H45).

14.   (www.actu-environnement.com consultado em 21/10/2015).

15.   . (www.notre-planete.info consultado em 22/10/2015).

16.   www.aquaportail.com consultado em 21/10/2015)

17.   www.larousse.fr consultado em 21/10/2015).

18.   *www.envstudies.brown.edu/classes/es201/2003/forestry/*

19.   http://gen%C3%A8ve/expose-espace-vert-methodologie.htm. Acedido em 21/10/2012 às 13 horas 42 minutos.

20.   http://m.futura-sciences.com/magazines/ , consultado em 21/10/2015

21.   (www.actu-environnement.com consultado em 21/10/2015).

Anexos 1

Correlações: Densidade, Aglomeração

Correlação de Pearson da densite e Лд1отёгайоп = 0,993

Valor P = 0,007

Correlações: Densidade, Culturas_jacheres

Correlação de Pearson entre Densite e Си1Шге8_]асHёге8 = 0,543

Valor P = 0,457

Correlações: Densidade, Culturas_jacheres a palmier

Correlação de Pearson entre Densite e Culturasjticlieres uma palmeira = -0,881

Valor P = 0,119

Correlações: Densidade, florestas_sagradas

Correlação de Pearson entre Densite e forets_sacrees = -0,999

Valor P = 0,001

Correlações: Densidade, marecages

Correlação de Pearson entre Densite e marecages = 0,656

Valor P = 0,344

Correlações: Densidade, Cultura de uma plantação

Correlação de Pearson entre Densite e Cultura a plantação = -0,855

Valor P = 0,145

Correlações: Densidade, Nível da água

Correlação de Pearson entre Densite e Plan d'eau = 0,638

Valor P = 0,362

Correlações: Densidade, Plantação

Correlação de Pearson entre Densite e Plantação = -0,715

Valor P = 0,285

Correlações: Densite, Sol_denude

Correlação de Pearson entre a densite e o Sol_dënudë = 0,523

Valor P = 0,477

Apêndice 2: **Altura média e perímetro das árvores**

altura parcelas	(m)		Conferência	diâmetro	Y=exp (-1,996 + 2,32 lnDl)	LnDl	
1		12,75	80	25,477707	248,565128	3,23780383	5,5157049
1		12	145	46,1783439	987,745809	3,83251094	6,89542539
1		12	117	37,2611465	600,430341	3,61795113	6,39764663
1		12,55	34	10,8280255	34,143066	2,38213772	3,53055952
1		12,25	87	27,7070064	301,964645	3,32168532	5,71030994
1		10,5	65	20,7006369	153,54314	3,03016447	5,03398157
1		10,5	46	14,6496815	68,8445555	2,6844186	4,23185114
1		10,55	49	15,6050955	79,7124828	2,7475975	4,3784262
1		12,75	107	34,0764331	488,024691	3,52860603	6,190366
1		9	162	51,5923567	1277,45692	3,94337354	7,1526266
1		6	37	11,7834395	41,5431506	2,46669511	3,72673266
1		6,75	20	6,36942675	9,96921634	1,85150947	2,29950198
1		6,15	55	17,5159236	104,210834	2,86311039	4,64641609
1		6,75	17	5,41401274	6,83774543	1,68899054	1,92245806
1		6,09	17	5,41401274	6,83774543	1,68899054	1,92245806
1		3,75	53	16,8789809	95,6294038	2,82606911	4,56048034
1		5,25	103	32,8025478	446,738922	3,49050619	6,10197436
2		12	89	28,343949	318,314371	3,34441357	5,76303948
2		15,75	170	54,1401274	1428,60751	3,99157564	7,26445548
2		14,25	70	22,2929936	182,347109	3,10427244	5,20591207
2		15,75	170	54,1401274	1428,60751	3,99157564	7,26445548
2		18,75	160	50,955414	1241,16577	3,93095102	7,12380636
2		17,25	160	50,955414	1241,16577	3,93095102	7,12380636
2		15	66	21,0191083	159,079186	3,04543194	5,06940211
3		24,75	875	278,66242	63933,7404	5,63000109	11,0656025
3		8,25	72	22,9299363	194,662736	3,13244332	5,2712685
3		15	135	42,9936306	836,846441	3,76105198	6,72964059
3		15	77	24,522293	227,47303	3,19958262	5,42703168
3		12,75	49	15,6050955	79,7124828	2,7475975	4,3784262
3		21,75	700	222,929936	38097,711	5,40685754	10,5479095
4		14,25	107	34,0764331	488,024691	3,52860603	6,190366
4		16,5	139	44,2675159	895,500365	3,79025113	6,79738263
4		14,25	125	39,8089172	700,007448	3,68409094	6,55109097
4		4,5	110	35,0318471	520,358269	3,55625757	6,25451755
4		16,5	76	24,2038217	220,677962	3,18651054	5,39670445
4		8,25	75	23,8853503	213,999896	3,17326531	5,36597553
4		15	136	43,3121019	851,298166	3,76843209	6,74676244
4		9	57	18,1528662	113,21425	2,89882847	4,72928205
4		15,75	190	60,5095541	1849,18254	4,10280127	7,52249895
5		6,75	86	27,388535	293,973266	3,3101245	5,68348883
5		6,75	97	30,8917197	388,670746	3,43048818	5,96273257
5	21	212	67,5159236	2384,35341	4,21236347	7,77668326	
5	6	30	9,55414013	25,5383445	2,25697458	3,24018103	
5	8,25	48	15,2866242	75,9890651	2,72697821	4,33058945	
5	12	100	31,8471338	417,130005	3,46094739	6,03339794	
5	12	100	31,8471338	417,130005	3,46094739	6,03339794	
5	21	265	84,3949045	4001,30685	4,43550703	8,2943763	
5	21	280	89,1719745	4546,50909	4,4905668	8,42211498	
5	17,25	76	24,2038217	220,677962	3,18651054	5,39670445	
5	12	66	21,0191083	159,079186	3,04543194	5,06940211	
6	24,75	382	121,656051	9346,70278	4,80119781	9,14277892	

6	14,25	85	27,0700637	286,10361	3,29842846	5,65635402
6	17,25	160	50,955414	1241,16577	3,93095102	7,12380636
6	18	220	70,0636943	2598,31649	4,24940475	7,86261901
6	18	138	43,9490446	880,624798	3,78303089	6,78063165
6	7,5	32	10,1910828	29,6632943	2,3215131	3,3899104
6	7,5	38	12,1019108	44,194617	2,49336336	3,78860299
6	11,25	72	22,9299363	194,662736	3,13244332	5,2712685
6	9,75	65	20,7006369	153,54314	3,03016447	5,03398157
6	10,5	70	22,2929936	182,347109	3,10427244	5,20591207
6	11,25	86	27,388535	293,973266	3,3101245	5,68348883
6	15	75	23,8853503	213,999896	3,17326531	5,36597553
6	22,5	350	111,464968	7629,73218	4,71371035	8,93980802
6	10,5	40	12,7388535	49,7795092	2,54465665	3,90760344
7	14,25	95	30,2547771	370,331108	3,40965409	5,91439749
7	13,5	105	33,4394904	467,122304	3,50973755	6,14659112
7	14	96	30,5732484	379,437885	3,42012539	5,93869091
7	13,25	100	31,8471338	417,130005	3,46094739	6,03339794
7	14,1	95	30,2547771	370,331108	3,40965409	5,91439749
7	14,25	108	34,3949045	498,671494	3,53790843	6,21194755
7	14,14	93	29,6178344	352,494115	3,38837669	5,86503393
7	13,45	110	35,0318471	520,358269	3,55625757	6,25451755
7	13,5	103	32,8025478	446,738922	3,49050619	6,10197436
7	15,75	105	33,4394904	467,122304	3,50973755	6,14659112
7	12	32	10,1910828	29,6632943	2,3215131	3,3899104
7	12,75	48	15,2866242	75,9890651	2,72697821	4,33058945
7	12,75	56	17,8343949	108,659488	2,88112889	4,68821903
7	20,25	115	36,6242038	576,886559	3,60070933	6,35764564
7	9	57	18,1528662	113,21425	2,89882847	4,72928205
7	9	62	19,7452229	137,600544	2,98291159	4,92435488
7	6,75	59	18,7898089	122,644506	2,93331464	4,80928997
8	21	243	77,388535	3272,48742	4,34883864	8,09330565
8	18	86	27,388535	293,973266	3,3101245	5,68348883
8	19,5	105	33,4394904	467,122304	3,50973755	6,14659112
8	20,25	187	59,5541401	1782,14878	4,08688582	7,4855751
8	20,25	88	28,0254777	310,078197	3,33311401	5,73682451
8	7,5	28	8,91719745	21,7609606	2,18798171	3,08011757
8	6,75	32	10,1910828	29,6632943	2,3215131	3,3899104
8	8,25	67	21,3375796	164,72707	3,06046982	5,10428998
8	5,25	42	13,3757962	55,745496	2,59344682	4,02079662
8	13,5	46	14,6496815	68,8445555	2,6844186	4,23185114
8	21,75	102	32,4840764	436,740864	3,48075001	6,07934003
8	21,75	87	27,7070064	301,964645	3,32168532	5,71030994
8	22,5	315	100,318471	5975,19269	4,60834984	8,69537163
8	22,5	87	27,7070064	301,964645	3,32168532	5,71030994
8	21	325	103,503185	6424,52211	4,63960238	8,76787753
9	24	468	149,044586	14970,6897	5,0042455	9,61384955
9	24	392	124,840764	9924,19082	4,82703904	9,20273057
9	24	376	119,745223	9009,6357	4,78536634	9,10604992
9	24,05	406	129,299363	10765,9369	4,86213036	9,28414243
9	23,75	325	103,503185	6424,52211	4,63960238	8,76787753
9	21	125	39,8089172	700,007448	3,68409094	6,55109097
9	21,15	188	59,8726115	1804,33694	4,09221916	7,49794846
9	21	250	79,6178344	3495,36273	4,37723812	8,15919243
9	17,25	86	27,388535	293,973266	3,3101245	5,68348883
9	18,75	92	29,2993631	343,763047	3,37756578	5,8399526

9	21	105	33,4394904	467,122304	3,50973755	6,14659112
9	17,25	86	27,388535	293,973266	3,3101245	5,68348883
9	22,5	445	141,719745	13318,8478	4,95385148	9,49693544
9	21,75	225	71,656051	2737,37863	4,2718776	7,91475604
10	21,75	415	132,165605	11327,7333	4,88405572	9,33500927
10	14,25	97	30,8917197	388,670746	3,43048818	5,96273257
10	16,5	225	71,656051	2737,37863	4,2718776	7,91475604
10	15,75	175	55,7324841	1527,98716	4,02056317	7,33170656
10	14,25	125	39,8089172	700,007448	3,68409094	6,55109097
10	15	106	33,7579618	477,508424	3,51921629	6,1685818
10	15	82	26,1146497	263,220414	3,26249645	5,57299176
10	12,75	55	17,5159236	104,210834	2,86311039	4,64641609
10	20,25	175	55,7324841	1527,98716	4,02056317	7,33170656
10	17,25	100	31,8471338	417,130005	3,46094739	6,03339794
10	16,5	87	27,7070064	301,964645	3,32168532	5,71030994
10	23,25	315	100,318471	5975,19269	4,60834984	8,69537163
10	22,5	430	136,942675	12300,372	4,91956241	9,41738479
10	19,5	96	30,5732484	379,437885	3,42012539	5,93869091
11	12,75	96	30,5732484	379,437885	3,42012539	5,93869091
11	17,25	45	14,3312102	65,4220973	2,66243969	4,18086008
11	6,75	20	6,36942675	9,96921634	1,85150947	2,29950198
11	17,25	124	39,4904459	687,083849	3,67605877	6,53245634
11	19,5	110	35,0318471	520,358269	3,55625757	6,25451755
11	19,55	118	37,5796178	612,403533	3,62646182	6,41739143
11	21	310	98,7261146	5757,45511	4,5923495	8,65825083
11	14,25	105	33,4394904	467,122304	3,50973755	6,14659112
11	19,5	208	66,2420382	2281,27882	4,19331528	7,73249145
11	11,25	62 19,7452229		137,600544	2,98291159	4,92435488
11	15,75	87 27,7070064		301,964645	3,32168532	5,71030994
11	9	65 20,7006369		153,54314	3,03016447	5,03398157
11	9,05	70 22,2929936		182,347109	3,10427244	5,20591207
	2029,08	18926				

Printed by Books on Demand GmbH, Norderstedt / Germany